『吃个明白』系列丛书

水果吃个明白

曹建康 张 静◎主编

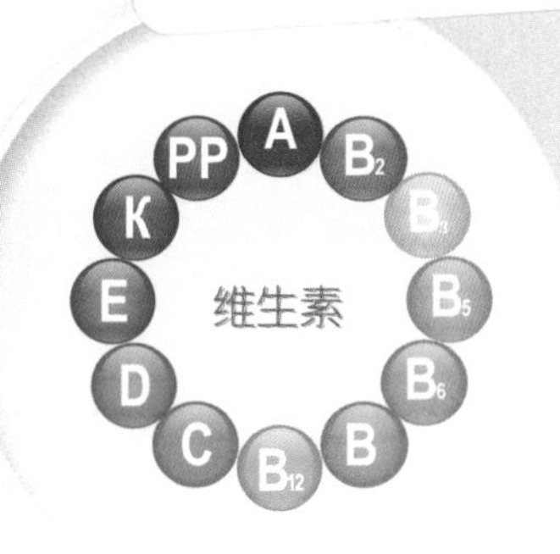

中国农业出版社
北京

图书在版编目（CIP）数据

水果吃个明白/曹建康，张静主编．—北京：中国农业出版社，2018.10
（吃个明白）
ISBN 978-7-109-24619-5

Ⅰ.①水… Ⅱ.①曹… ②张… Ⅲ.①水果－基本知识 Ⅳ.①S66

中国版本图书馆CIP数据核字（2018）第215184号

中国农业出版社出版
（北京市朝阳区麦子店街18号楼）
（邮政编码 100125）
责任编辑 程燕

北京中科印刷有限公司印刷 新华书店北京发行所发行
2018年10月第1版 2018年10月北京第1次印刷

开本：710mm×1000mm 1/16 印张：11.25
字数：210千字
定价：48.00元

丛书编写委员会

主　　编　孙　林　张建华

副 主 编　郭顺堂　孙君茂

执行主编　郭顺堂

编　　委（按姓氏笔画排序）

车会莲　毛学英　尹军峰　左　锋　吕　莹

刘博浩　何计国　张　敏　张丽四　徐婧婷

曹建康　彭文君　鲁晓翔

总 策 划　孙　林　宋　毅　刘博浩

本书编写委员会

主　　编　曹建康　张　静

参编人员　陈秋怡　李倩倩　王丽敏　袁树枝　李武笋

序 言

preface

民以食为天，“吃”的重要性不言而喻。我国既是农业大国，也是饮食大国，一日三餐，一蔬一饭无不凝结着中国人对“吃”的热爱和智慧。

中华饮食文化博大精深，“怎么吃”是一门较深的学问。我国拥有世界上最丰富的食材资源和多样的烹调方式，在长期的文明演进过程中，形成了美味、营养的八大菜系、遍布华夏大地的风味食品和源远流长的膳食文化。

中国人的饮食自古讲究“药食同源”。早在远古时代，就有神农尝百草以辨药食之性味的佳话。中国最早的一部药物学专著《神农本草经》载药365种，分上、中、下三品，其中列为上品的大部分为谷、菜、果、肉等常用食物。《黄帝内经》精辟指出“五谷为养，五果为助，五畜为益，五菜为充，气味和而服之，以补精益气”，成为我国古代食物营养与健康研究的集大成者。据《周礼·天官》记载，我国早在周朝时期，就已将宫廷医生分为食医、疾医、疡医、兽医，其中食医排在首位，是负责周王及王后饮食的高级专职营养医生，可见当时的上流社会和王公贵族对饮食的重视。

吃与健康息息相关。随着人民生活水平的提高，人们对于“吃”的需求不仅仅是“吃得饱”，而且更要吃得营养、健康。习近平总书记在党的十九大报告中强调，中国特色社会主义进入新时代，我国社会主要矛盾已经转化为人民日益增长的美好生活需要和不平衡不充分的发展之间的矛盾。到2020年，我国社会将全面进入营养健康时代，人民群众对营养健康饮食的需求日益增强，以营养与健康为目标的大食品产业将成为健康中国的主要内涵。

面对新矛盾、新变化，我国的食品产业为了适应消费升级，在科技创新方面不断推

出新技术和新产品。例如马铃薯主食加工技术装备的研发应用、非还原果蔬汁加工技术等都取得了突破性进展。《国务院办公厅关于推进农村一二三产业融合发展的指导意见》提出："牢固树立创新、协调、绿色、开放、共享的发展理念，主动适应经济发展新常态，用工业理念发展农业，以市场需求为导向，以完善利益联结机制为核心，以制度、技术和商业模式创新为动力，以新型城镇化为依托，推进农业供给侧结构性改革，着力构建农业与二三产业交叉融合的现代产业体系。"但是，要帮助消费者建立健康的饮食习惯，选择适合自己的饮食方式，还有很长的路要走。

2015年发布的《中国居民营养与慢性病状况报告》显示，虽然我国居民膳食能量供给充足，体格发育与营养状况总体改善，但居民膳食结构仍存在不合理现象，豆类、奶类消费量依然偏低，脂肪摄入量过多，部分地区营养不良的问题依然存在，超重肥胖问题凸显，与膳食营养相关的慢性病对我国居民健康的威胁日益严重。特别是随着现代都市生活节奏的加快，很多人对饮食知识的认识存在误区，没有形成科学健康的饮食习惯，不少人还停留在"爱吃却不会吃"的认知阶段。当前，一方面要合理引导消费需求，培养消费者科学健康的消费方式；另一方面，消费者在饮食问题上也需要专业指导，让自己"吃个明白"。让所有消费者都吃得健康、吃得明白，是全社会共同的责任。

"吃个明白"系列丛书的组稿工作，依托中国农业大学食品科学与营养工程学院和农业农村部食物与营养发展研究所，并成立丛书编写委员会，以中国农业大学食品科学与营养工程学院专家老师为主创作者。该丛书以具体品种为独立分册，分别介绍了各类食材的营养价值、加工方法、选购方法、储藏方法等。注重科普性、可读性，并以生动幽默的语言把专业知识讲解得通俗易懂，引导城市居民增长新的消费方式和消费智慧，提高消费品质。

习近平总书记曾指出，人民身体健康是全面建成小康社会的重要内涵，是每个人成长和实现幸福生活的重要基础，是国家繁荣昌盛、社会文明进步的重要标志。没有全民健康，就没有全面小康。相信"吃个明白"这套系列丛书的出版，将会为提升全民营养健康水平、加快健康中国建设、实现全面建成小康社会奋斗目标做出重要贡献！

万宝瑞

原农业部常务副部长

全国人大农业与农村委员会原副主任委员

国家食物与营养咨询委员会名誉主任

前言

introduction

水果是大自然对人类的馈赠。水果口感甜美、柔软多汁、气味芬芳、色彩艳丽、营养丰富，是人们的日常食物种类之一。成书于2 400多年前的中医典籍《黄帝内经•素问》中已有“五谷为养，五果为助，五畜为益，五菜为充，气味合而服之，以补精益气”及“谷肉果菜，食养尽之，无使过之，伤其正也”的记载。“五果”之中，枣甘，李酸，栗咸，杏苦，桃辛，有助于增进食欲、补充营养和强健身体，是平衡饮食中不可缺少的辅助食物。在这古老而朴素的平衡饮食理论中，对水果在人类饮食构成中的地位和作用给出了恰当的定位，水果对人体的滋养作用得到了充分的肯定。

如今，人们随时都可以享用到新鲜、美味的水果。水果种类繁多，给人们的生活增添了无数乐趣。水果富含大量的可溶性糖类、有机酸、维生素、纤维素、矿物质及微量元素，经常食用能够补充人体所必需的多种营养物质。水果具有增食欲、充饥腹、助消化、降血脂、防便秘、防癌变、抗氧化的作用，对人体的健康十分有益。“遍尝百果能成仙”，食用水果可滋润人们的身体、愉悦人们的心情、丰富人们的生活。人们希望享用的水果既新鲜、美味、营养，又有一定的益处。面对琳琅满目的水果，如何才能食用得开心，吃得明白？

水果的生产具有很强的地域特点和季节特性。不同地区生产的水果、不同季节上市的水果，它们的外观表现、品质性状、营养功能往往都有着明显的差异，这为人们提供了更多的选择。水果采摘后就脱离了母体植株，水果生命活动所需的各种养分（如氮素、碳素、水、矿质元素等）再也不能得到供给和补充，只能消耗其自身积存的营养成分。因此，水果的品质和营养是处于变化之中的。水果的成熟程度极大地影响果实的口感，一些水果的最佳食用品质往往在后熟阶段才表现出来。采后的贮藏保鲜对水果的新鲜程度、品质变化与营养变化具有非常重要的影响。水果的食用方法不同，给人们带来的感受也不相同。

本书的第一章“撕名牌”以水果的历史开始。看起来普普通通的水果，其实有着很多的故事。早在被栽培之前，水果就开始被人采集食用了，它们的历史和演化是一段非常迷人的故事。水果的历史也体现着人类文明和技术的发展进程。虽然水果是饮食中常见的食物，但是你真的了解它们的营养价值吗？在“撕名牌”的第二部分，本书为大家介绍了水果中常见的营养物质——维生素、膳食纤维、多酚、类胡萝卜素等，让大家科学地认识水果的营养成分。第二章“直播间”中，分门别类地介绍了生活中常见的四十多种水果，分为浆果类、瓜果类、橘果类、核果类、仁果类，从主要种类、营养价值、选购方法、储存方法方面详细介绍。第三章“开讲了”讲解了老人、孕妇、儿童、婴幼儿、糖尿病患者等不同人群食用水果方面的注意事项，以及关于吃水果、洗水果、水果种植保鲜、水果败坏、水果制品的小贴士和花样吃法。第四章“冷知识、热知识”为大家介绍了水果那些“不为人知”的小知识，破解那些不正确的“水果谣传”，让读者在有趣的阅读中更加了解水果。本书内容丰富，语言通俗易懂，从水果的历史到水果的种类介绍，从营养价值到选购技巧，从存放妙招到巧做巧吃，多方面地介绍水果；并且讲解了许多与生活息息相关的水果知识，使读者更加了解水果，吃得明白，吃得健康。

本书参考了一些研究文献、公开资料和相关图片，特在此说明，并向这些资料的作者和提供者表示衷心感谢。由于编者水平所限，书中错误和欠妥之处在所难免，恳请有关专家和读者批评指正。

编者

2018年8月

目　录

Contents

序言

前言

一、撕名牌：认识水果

（一）水果的历史 …………… 2

（二）水果中的营养物质 …… 5

1. 维生素 ………………………… 5
2. 膳食纤维 …………………… 11
3. 多酚 ………………………… 13
4. 类胡萝卜素 ………………… 17

二、直播间：水果在线

（一）浆果类 ……………… 22

1. 石榴 ………………………… 22
2. 草莓 ………………………… 24
3. 蓝莓 ………………………… 28
4. 菇娘 ………………………… 31
5. 桑葚 ………………………… 32
6. 沙棘 ………………………… 34
7. 葡萄 ………………………… 36
8. 甘蔗 ………………………… 39
9. 香蕉 ………………………… 41
10. 菠萝 ………………………… 43
11. 百香果 ……………………… 45
12. 荸荠 ………………………… 48

（二）瓜果类 ……………… 50

1. 西瓜 ………………………… 50
2. 甜瓜 ………………………… 53
3. 木瓜 ………………………… 55

（三）橘果类 ……………… 57

1. 橘子 ………………………… 57
2. 橙 …………………………… 59
3. 柠檬 ………………………… 61
4. 柚 …………………………… 63

（四）核果类 …………… 66

1. 椰子 …………… 66
2. 芒果 …………… 68
3. 枣 …………… 70
4. 杨梅 …………… 74
5. 李子 …………… 76
6. 橄榄 …………… 78
7. 荔枝 …………… 80
8. 龙眼 …………… 82
9. 桃 …………… 84
10. 樱桃 …………… 87
11. 牛油果 …………… 89
12. 杏 …………… 92
13. 梅 …………… 94

（五）仁果类 …………… 96

1. 罗汉果 …………… 96
2. 苹果 …………… 98
3. 梨 …………… 101
4. 枇杷 …………… 104
5. 山楂 …………… 106
6. 菠萝蜜 …………… 108
7. 榴莲 …………… 110
8. 火龙果 …………… 113
9. 猕猴桃 …………… 115
10. 柿子 …………… 119
11. 无花果 …………… 122
12. 山竹 …………… 123

三、开讲了：吃个明白

（一）食以人分 …………… 126

1. 老人 …………… 126
2. 孕妇 …………… 126
3. 儿童 …………… 127
4. 婴幼儿 …………… 127
5. 糖尿病患者 …………… 128

（二）健康饮食 …………… 129

1. 关于吃水果的那些事儿 …… 129
2. 关于洗水果的那些事儿 …… 132
3. 关于水果处理的那些事儿 … 134
4. 关于水果坏了的那些事儿 … 137
5. 关于水果制品的那些事儿 … 140

（三）花样吃法 …………… 143

1. 草莓奶酪布丁杯 …………… 143
2. 蓝莓司康 …………… 143
3. 桑葚果酱 …………… 144
4. 沙棘软糖 …………… 144
5. 葡萄牛奶果冻 …………… 144
6. 脆皮香蕉 …………… 145
7. 菠萝八宝饭 …………… 145
8. 百香果汁 …………… 146
9. 银耳荸荠汤 …………… 146
10. 哈密瓜奶昔 …………… 146

11. 木瓜牛奶冻 …………………… 147
12. 橘子罐头 ………………………… 147
13. 甜橙海绵蛋糕 ………………… 147
14. 柠檬可乐生姜茶 ……………… 148
15. 蜂蜜柚子酱 …………………… 148
16. 椰子冻 ………………………… 149
17. 糯米枣 ………………………… 149
18. 枣糕 …………………………… 150
19. 橄榄菜 ………………………… 150
20. 荔枝樱桃扣 …………………… 151
21. 龙眼鸡蛋糖水 ………………… 151
22. 桃子西米露 …………………… 152
23. 牛油果香蕉卷 ………………… 152
24. 酸梅汤 ………………………… 153
25. 罗汉果陈皮炖龙骨 …………… 153
26. 拔丝苹果 ……………………… 153
27. 冰糖雪梨水 …………………… 154
28. 川贝枇杷膏 …………………… 154
29. 冰糖葫芦 ……………………… 155
30. 山楂糖雪球 …………………… 155
31. 榴莲千层蛋糕 ………………… 155
32. 火龙果牛奶汁 ………………… 156
33. 猕猴桃蛋挞 …………………… 156
34. 豆沙馅柿子饼 ………………… 157
35. 无花果思慕雪 ………………… 157

四、冷知识、热知识

1. 为什么吃木瓜、芒果、菠萝等水果会过敏 ………………… 160
2. 芒果和香蕉为什么在没有完全成熟时就采收 ……………… 160
3. 黑枣和椰枣是枣吗 ………… 160
4. 樱桃和车厘子是同一种东西吗 ………………………… 161
5. 龙眼与桂圆是同一种东西吗 ………………………… 161
6. 奇异果和猕猴桃是同一种水果吗 ……………………… 162
7. 圣女果是转基因食品吗？千禧果和圣女果的区别在哪里 ……… 163
8. 吃荔枝会被查“酒驾”吗 … 163
9. 无花果真的没有花吗 ……… 164
10. 草莓底部发白是因为什么 ………………………… 164
11. 无子水葡萄、无子西瓜等无子水果是怎么种出来的 ………… 165
12. 喝柠檬汁能排出胆结石吗 … 165
13. 柠檬汁可以用来美白牙齿吗 ……………………… 166
14. 早上刷完牙后喝橙汁，为什么尝起来又酸又苦 ……………… 166
15. 为什么嚼槟榔，会“吐血” …………………… 167
16. 海鲜和水果“相克”吗 …… 167
17. 空腹吃柿子会导致胃结石吗 …………………… 167

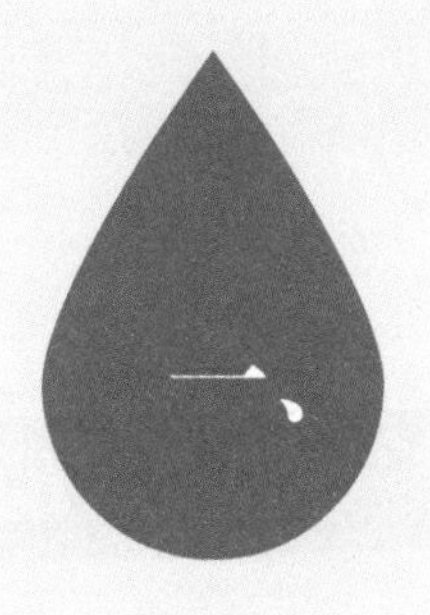

一、

撕名牌：认识水果

（一）水果的历史

水果是我们日常饮食中重要的一部分，也为我们的很多食物增添了色彩和风味。随着社会的不断发展，水果的产量越来越大，运输也更加便捷。现在，在家门口的超市里，我们就可以吃到来自世界各地的不同种类的水果。那么，人类祖先吃的水果和现在我们吃的水果有什么不同呢？一起来了解一下水果的历史吧！

我们今天栽培的所有水果都是原本生长在野外的属和种通过选择、突变、杂交得来，或是它们的后代。人们从2 000多年前就开始栽种苹果，从3 000多年前开始栽种桃子，从4 000多年前开始栽种梨，而香蕉的栽培历史甚至长达7 000年。例如最常见的水果之一——苹果，大概在2 000年前，世界各地的果园都有了各自栽培的苹果。目前，全世界的苹果品种超过1 000个，所有的栽培苹果都来自于一个种——塞威士苹果（Malus sieversii，又名新疆野苹果）。这种苹果的分布区并不大，中亚地区的山坡丘陵都是它们良好的聚居地。几乎所有苹果的家谱都要追到这个老祖宗身上，当然，这个苹果的祖先和我们现在吃到的苹果还是有很大差别的。它属于绵苹果，储藏期比较短，水分含量也不高，果肉绵软易烂，没有现在的苹果多汁脆甜。西汉著名文学家司马相如的一篇《上林赋》中有“楟柰厚朴”一句，这里的“柰”就是绵苹果最早的名字。

与苹果相比，柑橘家族的历史就很混乱了，不同的柑橘类植物几乎都可以互相结合，产生更多的变异，种类繁多。如今，植物学家们普遍认为香橼（Citrus medica）、柚（C.maxima）和宽皮橘（C.reticulata）是柑橘家族的三大元老。香橼是这三元老中最年长的种类。柚子和橘子在我国很早就开始栽培了，在《吕氏春秋》中就有“江浦之橘、云梦之柚”的记载。橙子是柚子和宽皮橘的天然杂交种，考古证据显示，早在公元前2500年，我国开始种植橙子，而大概在14世纪的时候，橙子才被葡萄牙人带到欧洲，在地中海沿岸种植。葡萄柚是甜橙和柚子的杂交产物，在1823年被引入美国佛罗里达，随后在此发扬光大。柑是甜橙和宽皮橘的杂交产物。不过在我国，柑和橘没有严格的界限。

考古研究表明，葡萄最早由西亚高加索地区的野葡萄驯化而成。人们利用和驯化葡萄的主要用途就是酿酒。在5 000年前，栽培葡萄和葡萄酒酿造技术已经传入“新月沃地”的两河流域、约旦河谷和古埃及。此后，葡萄便向西、东两方向传播。葡萄在中原地区已经有两千多年的栽培史，但它对气候要求较苛刻，又不耐病虫害，所以难于推广种植。除了元代葡萄酒曾昙花一现外，唐以后的大部分时期，葡萄酒在中国东部地区都难得一见。葡萄和葡萄酒在中国真正普及开来，已经是19世纪末以后的事情了。

在我国，水果的食用和种植历史十分悠久。从《经诗》《山海经》等古籍中的文字可以看出，桃、李、梨、枣、梅等中国传统的果树都已出现在当时的果园里。如《诗经》中，就有出现“丘中有李”“八月剥枣”“华如桃李”等。秦汉时期，水果的消费量大增。司马迁《史记·货殖列传》记载：“安邑千树枣；燕、秦千树栗；蜀、汉、江陵千树橘；淮北、常山以南，河济之间千树萩……”，枣、栗、橘的广泛栽植，说明当时这些水果的消费量大，栽植果树已成为当时重要的经济来源。这一时期，一些西域过来的水果，如葡萄（安石榴）、核桃（胡桃）、苹果（柰）等，都使这时汉代皇家园林里的果树品种变得十分丰富，上林苑里还引

种了不少进口的优质水果。从《西经杂记》“上林名果异树”条目所记载来看，栽种的果树多达几十种。

到唐宋时期，中国人的水果消费观念又发生了变化，南方水果走俏。比如荔枝，唐代诗人杜牧曾写过的《过华清宫绝句》中提到：“长安回望绣成堆，山顶千门次第开。一骑红尘妃子笑，无人知是荔枝来。”在唐宋史料、医书上，有关南方热带、亚热带水果的记述相当丰富。南宋诗人范成大的《桂海虞衡志》一书中，记述了50多种南方果树；同为南宋人的周去非，在其《岭外代答》一书里，也记载了很多南方水果。明清时期，“洋水果”的流行成为一种消费现象。菠萝、番木瓜等都是这一时期传入的，其中尤以菠萝引种最成功。菠萝古人称之为“果凤梨”“番菠萝”。明崇祯十二年（1639）广东《东莞县志》“果之属”部中，已出现了“山菠萝”的记载，到17世纪后期，今天的广东郊外已成片栽植菠萝。

所以，当你在吃水果时，有没有想过它可能是有着跨越千年的故事。水果食用和种植的历史，也体现着人类文明和技术的发展进程。大自然的妙手带给我们各式各样的水果，人类通过自己的努力更是将这些美味“发扬光大”。柑橘家族虽已自然杂交、种类繁多，但是通过人工杂交或者细胞融合技术，我们也“加工”出了无核橙子等更多不一样的水果；香蕉是已知的最古老的栽培植物之一，但是因为保鲜期太短，走出热带却是很晚的事情，随着运输和冷藏技术的进步，它才逐渐成为水果市场的一大主力。水果历史中许许多多的小故事告诉我们，大自然和人类息息相关，要珍惜并且利用好大自然提供给我们的资源。

（二）水果中的营养物质

1. 维生素

维生素（Vitamin），又称维他命，是维持人体正常生命活动不可缺少的一类低分子有机化合物。这类物质在人和动物体内不能合成，或合成的量不能满足机体的需求，必须从食物中摄取。维生素不参与构成人体细胞，也不为人体提供能量，但它们在物质的代谢中起着非常重要的作用。根据维生素的溶解性将其分成两类：一类为脂溶性维生素，不溶于水而溶于脂肪及有机溶剂，包括维生素A、维生素D、维生素E、维生素K；另一类是水溶性维生素，有B族维生素和维生素C。

维生素的摄入需要适量，过少或过多的摄入量对身体都会有一定的影响。而且，不同人群对于维生素的需求是不一样的，需要根据自身身体条件来调整。如成人维生素C的推荐摄入量为100mg/天，而孕妇和乳母的需求量要高一些，儿童的需求量要低一些。其次，日常膳食要注意均衡饮食，合理搭配。如果存在某种维生素缺乏或身体有特殊需要的情况，应当遵从医嘱。

（1）维生素C

①维生素C的基本知识。维生素C是一种含有6个碳原子的酸性多羟基化合物，分子式为$C_6H_8O_6$，属于水溶性维生素。缺乏维生素C会引起坏

血症，因此，维生素C又称抗坏血酸。

维生素C共有4种异构体（L–抗坏血酸、L–异抗坏血酸、D–抗坏血酸、D–异抗坏血酸），其中L–抗坏血酸的生物活性最高，其他抗坏血酸无生物活性，通常所说的营养补充的维生素C即指L–抗坏血酸。维生素C的理化性质很不稳定，在外界环境中易受到破坏，极易溶于水，遇热或氧化易被破坏，在中性和碱性溶液中，受光线、金属离子（铜、铁等）作用则会加快其破坏速度。因此，日常烹饪水果蔬菜时，维生素C的损失不可避免。

维生素C是每日膳食推荐供应量最大的一种维生素。成人维生素C的推荐摄入量为100mg/天，孕妇为115mg/天，乳母为150mg/天，11～14岁儿童为90mg/天，7～11岁儿童为65mg/天，4～7岁儿童为50mg/天，0～4岁儿童为40mg/天。维生素C通常只存在于植物性食物中，动物性食物基本不含维生素C。成人的日常饮食中，一般每天吃300～500g的蔬菜和200～350g的水果，可以保证维生素C的充足摄入。食用新鲜的蔬菜水果，或者通过焯水凉拌和急火快炒的烹调方法，可以相对减少维生素C的损失。另外，饭菜的再次加热也会破坏维生素C，所以尽量现做现吃。

维生素C含量较高的水果有：樱桃10g/kg，酸枣9g/kg，鲜枣2.43g/kg，蜜枣1.04g/kg，番石榴0.68g/kg，猕猴桃0.62g/kg，草莓0.47g/kg，木瓜0.43g/kg，橙子0.33g/kg，葡萄0.25g/kg，柠檬0.22g/kg。菠萝0.18g/kg，番茄0.19g/kg。维生素C含量较高的蔬菜有：153mg/100g，辣椒144mg/100g，甜椒0.72g/kg，豌豆苗0.67g/kg，苦瓜0.56g/kg，西兰花0.51g/kg，苋菜0.47g/kg，菠菜0.32g/kg，大白菜0.31g/kg，土豆0.27g/kg，冬瓜0.18g/kg。(数据来源于《中国食物成分表》，注意同类水果的不同品种、不同产地等，其维生素C含量会有差别）。

②维生素C与健康。

维生素C的生理活性

抗氧化：自由基是机体反应产生的有害物质，具有很强的氧化性，可损害机体的组织和细胞，从而造成一系列的慢性疾病。维生素C是一种水溶性的自由基清除剂，在体内可以清除自由基，因此在抗氧化中起到重要的作用。

促进胶原蛋白的合成：胶原蛋白是人体内含有的最丰富的蛋白质，其功能是维持皮肤和组织器官的形态和结构，也是修复各个损伤组织的重要原料物质。维生素C在胶原蛋白合成的过程中起到重要的作用，增加维生素C有利于胶原蛋白基因的表达。

降低胆固醇：过多的胆固醇就会对机体造成严重影响，如胆结石、动脉粥样硬化等。维生素C在胆固醇的代谢中有至关重要的作用，通过分解和合成两个途径共同调节胆固醇在机体内的含量，从而减少过量的胆固醇对机体造成的危害，在抗动脉粥样硬化中发挥着重要作用。

抗癌：亚硝酸盐是公认的致癌物质，亚硝酸盐可以和机体内代谢产生的胺化合物形成亚硝酸胺而诱发癌症，而维生素C可以阻断该途径，从而抑制癌症的发生。

维生素C不具有预防感冒的作用

感冒分为普通感冒和流行性感冒，其致病的原因有所不同。由鼻病毒、艾柯病毒、科萨奇病毒等其他病原体引起的则称为普通感冒；由流感病毒引起的是流行性感冒。大量的科学研究都证实，摄入高剂量的维生素C并不能降低感冒的发病率，无法治疗感冒。只能说维生素C是人体必需的营养物质之一，日常饮食中保证其足够的摄入量，能够提高身体素质和抵抗力。

“维生素C可以治疗感冒”的说法来源于美国科学家Frederick Robert Klenne。在1970年，他出版了《维生素C和普通感冒》，书中建议人们每天

服用3g的维生素C，有利于预防感冒。因为他获得过诺贝尔的学术成就奖，所以他的书十分畅销，导致当时的维生素C销量一度飙升。而且，他当时还主张维生素C对于许多疾病都有着预防和治疗的作用，打造了一个“维生素C神话”，使许多人相信维生素C是治病良药。但现在已被证实这个说法是错误的。

其实，不仅是维生素C，任何营养物质都需要适量摄入，均衡丰富的饮食才是保证健康的重要基础，而对于疾病的治疗，需要遵从医生的指导，而不是盲目相信某种营养物质的神奇作用。

（2）维生素A

①维生素A的基本知识。维生素A，又称视黄醇，是一种脂溶性维生素，对防治皮肤干燥、眼干、夜盲症有一定的作用。维生素A包括两种活性亚型：维生素A_1（视黄醇）和维生素A_2（视黄醛和视黄酸），维生素A_2生理活性为维生素A_1的40%左右。维生素A_1主要存在于海水鱼肝脏中，而维生素A_2在淡水鱼肝脏中含量较高。植物中不含维生素A，但果蔬中的一些类胡萝卜素，如β-胡萝卜素，能够在人体内转化为维生素A。

肝脏是动物体内储存维生素A的重要器官，猪肝中维生素A的含量大约为50mg/kg。但是猪肝作为动物的重要代谢器官，更容易富集一些重金属、兽药等有害物质残留，猪肝的胆固醇含量也很高。所以不建议经常大量食用猪肝。日常饮食可以通过食用富含胡萝卜素的胡萝卜、番茄、柑橘、芒果、木瓜、杏、西兰花、油菜等果蔬，来满足维生素A的摄入量。

②维生素A与健康。

维生素A的生理活性

维持视觉的功能：维生素A是构成视觉细胞内的感光物质成分，维持暗光下的视觉功能，促进眼睛各组织结构的正常分化，维持正常的视觉功能。缺乏维生素A，会出现干眼病、夜盲症等症状。

改善贫血的功能：维生素A的营养素因为可以影响铁离子的运输和储存，从而与贫血症状密切相关。机体内铁元素主要以铁蛋白和含铁血黄素两种形式储存在肝脏和脾脏中，需要时再转运到需铁组织，而维生素A缺乏将会抑制铁的释放。

维持细胞生长和分化：维生素A参与上皮细胞的分化和增值过程，在机体生长发育过程中发挥着重要作用，其中维生素A_2的作用更为显著。维生素A水平低下时，正常分泌黏液的细胞将被角质化，会导致表皮细胞形状不规则、干燥等病理性变化。因此，缺乏维生素A的人，会表现出皮肤干燥、角质化等症状。对于儿童来说，缺乏维生素A将会严重影响身体的生长和发育。

维持免疫的功能：人体的免疫屏障主要由细胞免疫和体液免疫两个方面构成。维生素A能够增强巨噬细胞以及自然杀伤细胞的活力，并刺激淋巴细胞的生长和分化，从而在两个方面均能提高机体的免疫功能。

摄入过多的维生素A可能会导致中毒

脂溶性的维生素A在体内代谢速度很慢，不易从身体中排出。过量摄入的维生素A会以视黄醇的形式储存在肝脏中，时间长了会引起慢性肝损害；如果一次性摄入的剂量太大，还会引发急性中毒，严重的甚至会导致死亡；对孕妇来说，在怀孕早期摄入过量维生素A，会使胎儿畸形的风险显著上升。

我国居民膳食营养指南推荐，成年男性的每日维生素A推荐摄入量是800μg，成年女性是700μg。成年人摄取维生素A的安全上限是每天不超过3 000μg。

(3) 维生素E

①维生素E的基本知识。维生素E，又名生育酚，是一种脂溶性维生素。常见的有α－维生素E、β－维生素E、γ－维生素E、δ－维生素E，其中以α－维生素E的生理活性最高。维生素E通常为淡黄色油状，稳定性较高，对热、酸、碱、光一般稳定。维生素E主要存在于植物中，尤其是在种籽油和果肉油中含量比较丰富，如玉米油、豆油、棉籽油、向日葵油、菜籽油、橄榄油、椰子油等。

成人每天维生素E推荐摄入量为14mg，如果没有吸收障碍，日常饮食中的维生素E摄入量基本可以满足人体生理需要。维生素E与维生素K有拮抗作用，会抑制血小板的凝聚，降低血液凝固性。因此，在做外科手术之前或是在服用抗凝血药物时，不要与维生素K同时服用。维生素E如果摄入过多会导致相应的过量反应或副反应，也有可能导致骨质疏松。

水果中维生素E含量较高的有：猕猴桃28mg/kg，芒果23.9mg/kg，草莓20mg/kg，火龙果24.1mg/kg，菠萝蜜17.7mg/kg，番木瓜16.5mg/kg，人心果10.6mg/kg。

②维生素E与健康。

维生素E的生理活性

抗氧化：保护机体组织细胞生物膜上的不饱和脂肪酸免遭自由基攻击而氧化，同时也保护生命大分子物质免遭破坏，是细胞伤害、组织破裂的天然抑制剂，在防止包括衰老、肿瘤在内的各种器质性衰退病变方面起着重要的作用。

保持血红细胞的完整性：血红蛋白是一种含铁化合物，其生物合成靠两种酶调节，而这两种酶的合成则受维生素E影响，对治疗巨细胞溶血性贫血有一定作用，这种病症多发生于早产儿的身上。

促生育功能：维生素E能增加卵巢重量，抑制孕酮在体内的氧化，从而增强孕酮的作用。而且对流产有一定防护作用。

皮肤保护功能：维生素E是脂溶性维生素，较易进入皮肤细胞，阻断细胞内的自由基链式反应，保护皮肤免受由紫外线照射产生的自由基的损伤，能够减少皱纹的产生，避免皮肤提早老化。外用具有增加皮肤弹性、保持光滑湿润的作用，也可以预防皮肤的角质化。

手指出现倒刺与缺乏维生素E关系不大

手指出现倒刺是一种常见的甲周皮肤问题，其学名为“逆剥”，是角质层过于干燥而发生分离所导致的。例如经常手洗衣服、劳动、体育活动等，可能会导致逆剥出现。角质层的表面有一层皮脂，是皮肤的天然保湿剂，可以减少角质层的水分蒸发，使角质层和下面的皮肤紧密贴合在一起。而肥皂、洗涤剂等或是物理摩擦等原因会除去皮肤表面的皮脂，导致角质层失去保护，使角质层水分蒸发过多，皮肤干燥，从而可能使手指皮肤出现倒刺。

虽然一些维生素的缺乏确实会引起一系列皮肤问题，但若是单纯的甲周倒刺，无其他疾病症状的话，多数只是皮肤干燥引起的，而非全身性疾病的反映，并不是缺乏维生素导致的。手指若出现倒刺，不要撕掉，应用干净的指甲剪整齐地剪掉倒刺。另外，还要注意手部皮肤的保湿，洗完手后应立即使用护手霜涂抹均匀。

2.膳食纤维

(1) 膳食纤维的基本知识

膳食纤维是一类不能被人体消化的碳水化合物。日常生活中，常听到一种说法：营养物质纤维素就属于膳食纤维的一种。不同机构对于膳食纤维的定义和范围略有不同。一般狭义上，膳食纤维仅限于内源植物细胞壁多糖类，如纤维素、半纤维素、果胶、水状胶、植物黏液、β－葡聚糖等。

中国营养学会对膳食纤维的定义为：膳食纤维一般是指不易被消化酶消化的多糖类食物成分，主要来自于植物的细胞壁，包含纤维素、半纤维素、树脂、果胶及木质素等。根据水溶性，膳食纤维可分为可溶性和不可溶性的。可溶性的膳食纤维能够吸收水分，形成胶状物，包括树脂、果胶和一些半纤维；不可溶性的纤维素虽然不能吸收水分，但是其间隙能够保留水分，包括纤维素、木质素和一些半纤维。

膳食纤维含量较高的食物大多为谷薯类，如黄豆、黑芝麻、花生、玉米、大豆等，还有蔬菜中的木耳、紫菜、海带（干）等。一般日常饮食中，膳食纤维的主要来源是蔬菜、粮谷类和豆类。水果中膳食纤维的含量大多不算很高，一般干果如核桃、杏仁、干枣等的膳食纤维含量较高，但是干果中油脂或糖的含量较高，不建议过多食用。

水果中的膳食纤维大多是不可溶性的，不过水果不同部位和不同种类的膳食纤维含量是不同的。例如苹果的皮中含有不溶性膳食纤维，果肉中含有可溶性膳食纤维；苹果中的可溶性膳食纤维含量大于不可溶性膳食纤维。鲜果中膳食纤维含量靠前的水果有梨、番石榴、金橘、桃、芒果、苹果、猕猴桃等。

(2) 膳食纤维与健康

膳食纤维的生理活性

由于人体中缺乏纤维素酶，也就是说无法将膳食纤维“剪开”成可以消化吸收的单糖的形式，所以膳食纤维可以抗消化吸收，促进胃肠道蠕动，加快食物通过胃肠道的速度，减少在胃肠内的吸收。而且膳食纤维能吸附葡萄糖，减慢人体对葡萄糖的吸收速度，使进餐后人体的血糖值不致于急剧上升，适于减肥的人食用，也有助于糖尿病患者控制症状。此外，膳食纤维能被肠道菌群发酵产生短链脂肪酸，短链脂肪酸有降血脂的作用，也有利于肠道内有益菌群的繁殖，同时通过吸收或者间隙保留水分，膳食纤维能够增大大便体积和湿度，改善便秘。

正确看待膳食纤维

现在的食物越来越精细，人们摄入膳食纤维的量却有逐渐减少的趋势。中国居民营养与健康状况监测的研究数据显示，中国居民普遍存在膳食纤维的摄入量不足的情况，应通过增加全谷物食物、蔬菜水果的摄入提高膳食纤维的摄入水平，以减少慢性病发生的风险。随着人们对饮食营养的不断重视，膳食纤维越来越引起人们的关注。

虽然膳食纤维有如此多的益处，但是过多摄入是不利于身体健康的。比如大肠发酵旺盛会产生过多气体，容易出现腹胀；膳食纤维会与钙、铁等矿物质结合，降低其吸收率，可能导致骨质疏松、贫血等。不过大家不用担心，只要日常膳食结构比较均衡，不要集中、过量地食用某一种食物，就不会出现这些问题。中国营养学会推荐的正常成年人每日膳食纤维的摄入量为25～30g。所以日常饮食中，建议每日的蔬菜水果摄入至少达到500g。对于青少年，摄入膳食纤维量应该相对减少，每日12.5～15.0g即可，年龄更小的儿童再适当降低摄入量。

通过喝果汁难以补充膳食纤维

若想通过水果适当补充一些膳食纤维的话，建议洗干净后整果食用。因为水果榨成汁后，膳食纤维都在被过滤掉的果渣中了，因此，无论是果汁产品还是自制的鲜榨果汁都不能够起到补充膳食纤维的作用。

3.多酚

（1）多酚的基本知识

多酚是以苯酚为基本骨架，以苯环的多羟基取代为特征的一类化合物，

广泛存在于植物中，并多分布于植物中接受阳光的部分。在植物体内，类黄酮可作为抗氧化剂、抗微生物物质、受光体、色素。目前，已经分离鉴定了几千种多酚类物质，多酚类可以分为简单酚和生物类黄酮两大类。简单酚类包括简单酚及其衍生物和简单酚酸类及其衍生物。生物类黄酮又可分为两大类化合物，一类是多酚的单体，即非聚合物，包括各种黄酮类化合物及其苷类；另一类则是由单体聚合而成的低聚体或多聚体。人类膳食中含量最为丰富的多酚类物质是类黄酮物质（占0.5% ~1.5%）。常见的类黄酮物质有黄酮类、二氢黄酮类、黄酮醇类、黄烷醇类、异黄酮类、花青素类、原花青素类等。

黄酮类化合物广泛存在于水果中。水果中的酚类物质对果品的色泽和风味都有很大的影响，包括酚酸类、黄酮类、花青素类、原花青素类、单宁类等。动物不能合成类黄酮，人体所摄入的类黄酮物质约有10%来自水果。水果是多酚类物质的良好来源，例如葡萄和红葡萄酒等富含白藜芦醇，且葡萄浆果中的白藜芦醇主要分布在果皮上；草莓等富含鞣花酸；樱桃、红葡萄、草莓、蓝莓等富含花青素；苹果、樱桃、杏、梨等富含表儿茶素；草莓、杏、桃、樱桃、芒果等富含儿茶素；草莓、樱桃、葡萄和柑橘等富含水杨酸；葡萄、柿、石榴等含有没食子酸。

（2）多酚与健康

多酚的生理活性

抗氧化作用：多酚具有较强的抗氧化能力，能有效清除体内过剩的自由基，抑制脂质过氧化，从而对自由基诱发的生物大分子损伤起到保护作用。

抗心血管疾病：血液流变性降低，血脂浓度增高，血小板功能异常是诱发心脑血管疾病的重要原因。多酚物质能抑制血小板的聚集粘连，诱发血管舒张，并抑制新陈代谢中酶的作用，有助于防止冠心病、动脉粥样硬化和中风等常见的心脑血管疾病的发生。

抗肿瘤：许多细胞实验表明，多酚物质可以对癌变的不同阶段进行多方面的抑制，同时也是有效的抗诱变剂，能减少诱变剂的致癌作用，提高染色体的精确修复能力，进而提高体细胞的免疫力，抑制肿瘤细胞的生长。

抑菌消炎、抗病毒：多酚对多种细菌、真菌、酵母菌都有明显的抑制作用，而且在相应的抑制浓度下不影响动植物体细胞的正常生长。

葡萄多酚

葡萄多酚是从葡萄中提取的天然植物多酚类活性物质，是一种良好的自由基清除剂，对多种自由基有较强的清除作用，具有抗氧化、抗肿瘤及维持心血管活性等多方面生理功效。葡萄多酚广泛存在于葡萄的皮、籽、果肉中。无论是含量还是种类，葡萄籽中的多酚类物质都比葡萄皮与果肉丰富得多。主要是黄酮类化合物，是葡萄的重要次生代谢产物。

有很多人说葡萄酒中含有多酚类物质，尤其是白藜芦醇，因此，喝葡萄酒对身体有好处。那么这种说法有道理吗？白藜芦醇是含有芪类结构的非黄酮类多酚化合物，化学名为芪三酚，是葡萄属植物在生长过程中为防止霉菌感染而产生的一种植物抗毒素。与其他的多酚物质一样，白藜芦醇具有一些抗氧化等生理活性。你一定也听过这样的一个说法：法国人日常饮食中常有高脂肪、高胆固醇的食物，但心血管疾病发病率却相对较低。于是人们推测葡萄酒中白藜芦醇是幕后的神秘因素，白藜芦醇也随之“火”起来了。但是白藜芦醇在葡萄和葡萄酒中的含量却并不多，葡萄酒中白藜芦醇的含量通常只有0.5～10mg/L。而且，葡萄酒毕竟是酒类，不能够大量饮用。虽然葡萄酒中含有一些生物活性物质，但是这不会抵消过多的酒精摄入对人体带来的伤害。

花青素

花青素，又称花色素，是自然界一类广泛存在于植物中的水溶性天然色素，属于多酚中的生物类黄酮。花青素存在于植物的果实、花、茎和叶中的液泡内，水果、蔬菜和花卉等五彩缤纷的颜色大部分与之有关。在自然状态下，花青素在植物体内常与各种单糖结合形成糖苷，称为花色苷。

由于各种花青素分子结构上的差异或植物细胞的酸碱度不同，花青素会显出红、紫、蓝等不同的颜色，其中自然界常见的为紫红色的矢车菊色素，橘红色的天竺葵色素及蓝紫色的飞燕草色素三种。在酸性条件下呈红色，在碱性条件下呈蓝色，而且其颜色的深浅与花青素的含量呈正相关性。例如富含花青素的紫红色蔬菜，像紫甘蓝、红菊苣等，平常呈现紫色，遇到酸的条件下，可以变成更为鲜亮的紫红色，一般只要在煮制过程或出锅后（或者直接切丝凉拌制作沙拉等生食时），加几滴柠檬汁、白醋、苹果醋或者油醋汁等调味，就可以很好地避免它们变成蓝色样貌。

花青素的颜色还受许多其他因子影响，比如温度、氧气、无机物等都会影响植物中花青素的形成和积累。当气温低或缺少磷时，有些植物的茎、叶就会变成紫红色，这是因为叶片里的碳水化合物转变成花青素的缘故。秋天时有些植物的叶子变红也跟叶片中的花青素有关。秋季的低温会促进花青素的合成，与此同时，由于天气变冷叶子里的叶绿素不断分解，绿色减弱，被红色代替。

花青素与原花青素（英文缩写为OPC）都是很好的抗氧化剂，有很多人会将原花青素与花青素混淆，事实上，花青素与原花青素并不是同一种物质。从化学结构来看，花青素与原花青素都属于多酚类物质，但却是两种完全不同的物质，原花青素是由不同数量的儿茶素或表儿茶素结合而成，它在酸性介质中加热可以产生花青素。与花青素在不同条件下颜色会变化的性质不同，原花青素是无色的。而且花青素与原花青素在植物中存在的部位也有所不同，原花青素广泛存在于植物的皮、壳、籽中，比如葡萄籽、苹果皮、花生皮、蔓越莓中；而花青素广泛存在于如蓝莓、樱桃、草莓、葡萄、黑醋栗等水果中。

4.类胡萝卜素

(1) 类胡萝卜素的介绍

类胡萝卜素是C_{40}类萜化合物及其衍生物的总称，由8个类异戊二烯单位组成，是一类自然界中广泛存在于植物内的天然色素，一般呈黄色、橙红色或红色。作为光合色素的辅助色素，主要是以光合色素-蛋白质复合体的形式存在于高等植物的叶绿体中。

类胡萝卜素是胡萝卜素和叶黄素两大类色素的总称。从结构上看，胡萝卜素是由中间的类异戊烯和两端的环状与非环状结构组成的一类碳氢化合物，如α-胡萝卜素、β-胡萝卜素、γ-胡萝卜素，主要存在于胡萝卜、芒果等水果中；番茄红素主要存在于番茄、西瓜、红肉柚等水果中；虾青素主要存在于水生动物以及火烈鸟等动物的羽毛中。叶黄素是一类氧化的胡萝卜素，分子中含有一个或多个氧原子，形成羟基、羰基、甲氧基、环氧化物。如玉米黄素，主要存在于玉米、辣椒、桃、柑橘中；隐黄素主要存在于番木瓜、南瓜、辣椒、黄玉米中；辣椒红素主要存在于辣椒中；叶黄素主要存在于万寿菊（金盏花）中。

动物和人不能自身合成胡萝卜素，主要通过食物获得，水果和蔬菜是其主要的食物来源。例如蔬菜中的胡萝卜、番茄、西兰花、油菜等；叶黄素主要来源于水果中的柑橘、芒果、木瓜、杏，蔬菜中的南瓜、辣椒，禽类的蛋黄等。水果中类胡萝卜素的生物利用率明显高于蔬菜的，其原因是类胡萝卜素存在于水果中叶绿体的油滴中，而在蔬菜中则是以晶体的形式

存在于叶绿体中。

(2) 类胡萝卜素与健康

类胡萝卜素的生理活性

维生素A来源：维生素A是人体中一种必需的微量营养素，具有维持视力的功能，促进细胞分裂，提高免疫功能，促进胚胎发育的功能，目前，世界上仍有2亿的儿童患有维生素A的缺乏症。而类胡萝卜素是一种重要的维生素A来源，在发展中国家类胡萝卜素提供了70%的维生素A，在西方国家类胡萝卜素提供了30%的维生素A。尽管自然界中已经发现的类胡萝卜素达700多种，但是仅有不到10%的类胡萝卜素能够提供维生素A，常见的为β-胡萝卜素、α-胡萝卜素、γ-胡萝卜素。

抗氧化：几乎所有的类胡萝卜素都具有抗氧化功能，大量的体外试验、动物模型和人体试验证明类胡萝卜素可以猝灭单线态氧，消除自由基，防止低密度脂蛋白的氧化。

抗癌：流行病学、组织培养、动物试验和人体试验都证明番茄红素有抗癌的作用，研究最多和效果最明显的是它的抗前列腺癌的作用。

对眼睛的保护作用：叶黄素和玉米黄素是视网膜黄斑的组成色素，具有预防光损伤和抗氧化的功能。临床研究发现叶黄素的摄入可以提高黄斑的色素含量，并且能够提高老年性黄斑衰退症（AMD）病人的视力，AMD是西方国家导致老年人视力下降的主要疾病。叶黄素能够消除自由基，预防白内障；能够吸收蓝光，防止对眼睛的损伤。有研究发现，叶黄素对长期暴露在荧屏光下的人的视功能有明显的改善作用。

对皮肤的保护作用：β-胡萝卜素是食用最为广泛的口服防晒霜；动物和人体试验发现番茄红素有预防皮肤损伤和皮肤癌的作用；有研究发现，叶黄素和玉米黄素同样具有保护皮肤的作用。人体试验发现，每天口服

6mg的叶黄素和玉米黄素的混合物，皮肤中的脂肪过氧化物明显减少，皮肤的保水性和弹性增强。

心血管疾病的预防作用：番茄红素可以通过抑制低密度脂蛋白的氧化来减少冠心病的发生，而且还具有降血压的作用。

提高食物中类胡萝卜素吸收率的方法

因为类胡萝卜素是脂溶性的，所以经常有人建议说，在炒制胡萝卜、西红柿、南瓜这些，橙红色、红色的蔬菜时，要多用油炒，这样类胡萝卜素才可以吸收得好，油少或者生吃的话，类胡萝卜素就不会被人体吸收。然而，这看似合理，却是不对的。生吃西红柿、胡萝卜等果蔬，类胡萝卜素的吸收利用率仅略差于油炒，还是能够被人体吸收的。生吃还会利于维生素C等营养物质的吸收。

当然，提高类胡萝卜素的吸收率，以及胡萝卜素在体内转化为维生素A的效率，最主要的条件还是受热。只要适当受热，使生蔬菜软化，就能让类胡萝卜素转化为更好被吸收的结构和状态，然后可以和其他含有脂肪的食物，像各种鱼、禽、肉、蛋、奶等一起吃，就可以很好地被吸收利用了。

适当补充类胡萝卜素可以〝明目〞

部分类胡萝卜素具有维生素A活性，即在人体内可以转化成维生素A。其中，维生素A活性最高、食物中含量最多的是β-胡萝卜素。而维生素A的重要生理功能之一就是维护角膜的正常结构，维持视网膜的正常功能，对于维持正常视力有重要作用。如果缺乏维生素A，会出现干眼病、夜盲症等症状。β-胡萝卜素是人体中维生素A的主要膳食来源。另外，叶黄素是视网膜黄斑的组成成分，叶黄素的摄入可以提高黄斑的色素含量，并且能够提高老年性黄斑衰退症（AMD）病人的视力。所以适当补充类胡萝卜素，对于维持视力健康有一定作用。

多食含类胡萝卜素的食物不会导致维生素A中毒

维生素A的中毒症状都是由直接摄入视黄醇形式的维生素A引起的。不是所有摄入的类胡萝卜素都会转化为维生素A。一般来说，日常膳食中通过β－胡萝卜素来摄取维生素A，效率大约是直接摄取维生素A的1/12。这是因为β－胡萝卜素要在体内转化成维生素A，需要一个生化反应的过程才能完成。而且，β－胡萝卜素被吸收之后会先储存在肝脏和脂肪细胞等部位，等到身体需要的时候才会被转化为视黄醇，这就相当于增加了一层缓冲和调控机制。所以，通过食物摄入而储存在身体中的β－胡萝卜素几乎是没有毒性的。

但是当长期食用过多的南瓜、红薯、柑橘等富含胡萝卜素的食物后，可能会出现皮肤变黄的现象。这是因为胡萝卜素在肠道吸收后，部分转变为维生素A，部分以胡萝卜素原型进入血液。如血液中胡萝卜素含量超过正常值（93～372μmol/L）的3～4倍以后，可引起临床可见的胡萝卜素性皮肤着色，胡萝卜素性黄皮病可使皮肤呈黄色。但是这对身体无害，停止过多摄入胡萝卜素一段时间后，皮肤颜色就会恢复正常。

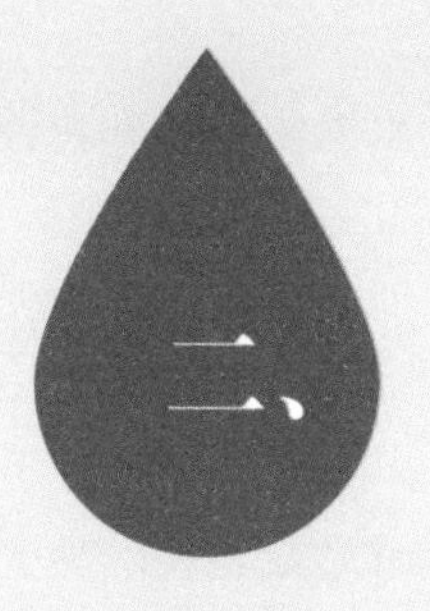

直播间：水果在线

水果的种类有很多，水果依构造和特性可分为浆果、瓜果、橘果、核果、仁果五类。

浆果类。果皮为一层表皮，中果皮及内果皮几乎全部为浆质，如葡萄、草莓等。

瓜果类。果皮在老熟时形成坚硬的外壳，内果皮为浆质，如西瓜、哈密瓜等。

橘果类。外皮含油泡，内果皮形成果瓣，如蜜橘、砂糖橘等。

核果类。内果皮形成硬核，包有一枚种子，如桃、李子等。

仁果类。花托发育成肥厚的果肉，包围在子房的外面，外果皮及中果皮与果肉相连，内果皮形成果心，里面有种子，如苹果、梨等。

（一）浆果类在线

1.石榴

石榴为大型而多室、多子的浆果，每室内有多数子粒；外种皮肉质，呈鲜红、淡红或白色，多汁，甜而带酸，即为可食用的部分；内种皮为角质，也有退化变软的，即软子石榴。石榴成熟后，全身都可用，果皮可入药，果实可食用或榨

石榴

汁。中国人视石榴为吉祥物，认为它是多子多福的象征。古人称石榴“千房同膜，千子如一”。民间婚嫁之时，常于新房案头或他处放置切开果皮、露出浆果的石榴，亦有以石榴相赠祝吉者。

（1）营养价值

石榴富含多种氨基酸和微量元素，营养十分丰富，而且味道酸甜可口，可以促进肠胃消化。

（2）选购方法

看品种。市面上最常见石榴分三种颜色，红色、黄色和绿色，有人认为越红越好，其实不像苹果等水果的一般挑选法，石榴因为品种的关系，一般反而是黄色的最甜。

看光泽。挑选石榴要看光泽度，如果光滑到发亮那说明石榴是新鲜的，而表面如果有黑斑的话，则说明已经放久了。

掂重量。如果你看着两个差不多大的石榴，但其中一个放在手心感觉重一点，那就是熟透了，里面水分会比较多。

看外形。最好不要选圆的，石榴有点方的感觉才好。很多人买石榴时第一反应是去拿那些看着圆滚滚、光滑的石榴。其实，外观比较圆的石榴，皮都比较厚。反而外观果棱显现的，才是皮薄且完全成熟的石榴，这样的石榴更甜。

看石榴皮是不是饱满，选那种皮和里面的肉很紧绷的比较好，如果是松驰的，那就代表石榴不新鲜了，不建议购买。

看有无划伤，成熟石榴保存时间比较久，选完整不带伤口的石榴，最好带枝条的，悬挂在通风干燥处，表皮风干，但里面的子粒不会损失水分。

看柄头裂口，正常开口的石榴是好石榴，石榴正常情况下开裂是不会

影响石榴的口感的，但是也有因为雨水、烈日等因素造成的开口石榴，一般这种石榴子粒都不够饱满。

（3）储存方法

石榴如何保存。如果石榴一次买多了而吃不完的话，可以将其放在冰箱中保存。石榴适合保存温度−3～2℃，不宜超过5℃。一般冰箱冷藏室温度可控制在−15～5℃，基本能达到石榴的保鲜要求。石榴应放在阴凉、干燥、通风处保存，比如在橱柜中保存，可以保存一个月。石榴也可以视成熟程度，存放在冰箱里，保存期长达两个月。石榴比较耐放，平时也可直接将其放在通风的地方存储，但要注意，当石榴皮开始变得干燥时，应该尽快食用。

剥开的石榴怎么保存。一般剥开的石榴建议尽快食用，如果暂时无法短时间内吃完的话，可以将其装入保鲜袋放在冰箱中保存。如果是剥成了颗粒状的石榴想要保存的话，方法也非常简单，先沥干水分，将其放入玻璃饭盒中保存，也可直接覆盖上一层保鲜膜后放入冰箱中保存。

石榴汁能保存多久。石榴汁分为石榴浊汁和石榴清汁两类。自己在家用榨汁机榨出的石榴汁属于石榴浊汁，未经过滤，保存期短。石榴清汁一般是有果汁生产企业生产，除了榨汁外，还需要经过酶解、澄清、粗滤、超滤等步骤，能比较长期地保存。石榴清汁比石榴浊汁含有的单宁要少，口味更接近水果原味。鲜榨的果汁一般宜即榨即喝，切勿存放。因为果汁存放一段时间后，会有细菌和微生物滋生。

2.草莓

草莓属于多年生草本植物，属蔷薇科草莓属，在水果的分类上，草莓属于浆果。草莓原产南美，我国是世界上野生草莓资源最丰富的国家之一，产区主要分布在新疆、甘肃、内蒙古、云南、四川等省。茎高10～40cm，叶质地较厚，呈倒卵形或菱形，花瓣呈白色，近圆形或倒卵椭圆形。草莓的花期为4～5月，果期为6～7月。

草莓

草莓单果重20g左右，横径3～4cm，纵径4～5cm，是由花托发育而来的，在生物学上称“假果”，由子房和花托、萼等其他部分共同发育而成的就叫做假果，如梨、苹果、无花果、桑葚等。而“真果”是由子房发育而来的，如桃、李子、葡萄、番茄等。草莓由花托发育而来的，可食部分和生长在它上面的子房变成的瘦果们一起，组成聚合果。草莓因为鲜美红嫩，果肉多汁，含有特殊的浓郁水果芳香，而且营养价值高，被人们誉为“水果皇后”。

（1）主要品种

章姬。又称牛奶草莓，由日本原章弘先生于1985年，以早生与女峰两品种杂交育成。章姬在日本被誉为草莓中的极品，是日本主要栽种的草莓品种之一。植株长势强，繁殖能力强，中抗炭疽病和白粉病，丰产性好，亩[①]产3～4t。成熟早，一般浙江和江苏一带是9月种植，11～12月开始收获。平均果重40g左右，最大重130g。果实呈长圆锥形，畸形少；表面为淡红色，色泽鲜艳光亮，果肉为淡红色，细嫩多汁；含糖量高，浓甜美味。

---

① 亩为非法定计量单位，1亩≈667平方米。—编者注。

红颜。又称红颊，是目前最优秀的日本草莓品种之一，是日本静冈县杂交选育而成的早熟栽培品种。因其植株基部红色，果实鲜红漂亮而得名。果实呈圆锥形，表面富有光泽，种子黄而微绿，稍凹入果面，果肉橙红色，呈鸡心型；糖度高，香味浓，风味极佳，韧性强，口感好；果实硬度大，耐贮运。该品种果个较大，最大可达100g以上，一般在30～60g。红颜也是近年新兴品种，是甜味及酸味恰到好处的草莓。现在产量占了静冈草莓的八成以上。

甜查理。属于美国早熟品种，植株长势强，高抗灰霉病和白粉病，对其他病害抗性也很强，很少有病害发生，适应性广，亩产高达4～5t。平均果重25～28g，最大的果重达95g以上，果实呈圆锥形，大小整齐，畸形果少；表面深红色有光泽，种子黄色，果肉粉红色；鲜果含糖量8.5%～9.5%，甜味大，香味浓。该品种适合北方地区大棚栽培，在日光温室栽培时，12月中下旬至次年5月上中旬可连续结果，是元旦和春节上市的最佳新鲜水果之一。

红袖添香。中国自育品种，以母本“卡姆罗莎”和父本“红颜”杂交而成，属于早熟草莓，因采摘时会散发淡淡的幽香而得其名。连续结果能力强，丰产性强，抗病性较强，具有较高的商品价值。平均单果重50.6g，最大果重98g。果实呈长圆锥形，表面红色，有光泽，果肉红色；风味酸甜适中，有香味。

白草莓。又叫小白草莓，通过组培苗变异株选育而成的草莓新品种，是首例国人自主培育的白草莓品种。该品种丰产性好，抗白粉病能力较强。果实前期12月至次年3月时，为白色或淡粉色，4月以后随着温度升高和光线增强会转为淡粉色，充分成熟时，果肉为纯白色或淡黄色。果皮较薄，含糖量在14%以上，口感香甜，入口即化，吃起来有黄桃的味道。

（2）营养价值

草莓含糖量6%左右，花青素含量约为600mg/kg，总酚含量在400～800mg/kg，维生素C含量在500mg/kg左右，是柠檬的两倍多。草莓中富含的维生素、多酚、类黄酮以及花青素等天然抗氧化物质，能够抑制细胞内氧化反应的发生，减轻自由基对脂质、脂蛋白和DNA的氧化损伤，从而增强机体抗氧化防御体系功能。

（3）选购方法

看外形。好的草莓色彩鲜红（除了白草莓等特殊品种以外）、光泽艳丽，如果看上去比较灰暗，或者有脱皮、烂皮的现象，尽量不要购买。好的草莓表面有一层细小柔软的绒毛，如果没有，可能产品不新鲜。

用手摸。如果摸上去比较硬，说明比较新鲜。如果摸上去蔫软、萎蔫，可能已经存放过久，不建议购买。

草莓选购方法

扫一扫，了解更多吃的科学

（4）储存方法

放在通风的地方。如果天气不冷不热，可以把草莓放在比较通风的地方，一般能保存1～2天。

放在冰箱里。如果天气比较热，可以把草莓放到冰箱里储存，要把草莓装入大塑料袋中，扎紧袋口，防止失水，干缩变色，然后在0～3℃的冷藏中贮藏，保持一定的恒温，切忌温度忽高忽低。

使用保鲜膜。如果吃不完的草莓，可以用保鲜膜封起来，能保证一天不变色不缩水。在使用保鲜膜时要包结实了，不要有缝隙，否则会影响效果。

放在密闭的容器里。贮存草莓之前，要把草莓擦拭干净，而且不要把草莓碰坏了，要不然草莓会坏得比较快。如果是冬季，要把草莓放到密闭

的容器里保温，尽量保证草莓的贮存温度在零度以上。

3.蓝莓

蓝莓

蓝莓为杜鹃花科越橘属植物，果实属于浆果类。蓝莓果树的栽培最早始于美国，栽培历史不足百年。北美地区的蓝莓质量全球闻名，半高丛蓝莓大多适宜在温带寒冷地区种植，北高丛蓝莓和一些半高丛蓝莓适宜在暖温带地区种植，兔眼蓝莓和南高丛蓝莓适宜在亚热带地区种植。我国主要在辽宁、黑龙江、吉林等地区种植。蓝莓是灌木丛生，树高差异悬殊，兔眼蓝莓高可达10m，栽培中常控制在3米左右；高丛蓝莓树高一般1～3m；半高丛蓝莓树高50～100cm；矮丛蓝莓树高30～50cm。叶片形状最常见的是卵圆形。大部分种类叶背面被有绒毛，有些种类的花和果实上也被有绒毛，但矮丛蓝莓叶片很少有绒毛。蓝莓果实单果重平均2g，最大5g。果实呈蓝色，果皮外有一层白色果粉，果肉细腻，种子极小，酸甜适度，风味独特，适合鲜食，也可加工成果汁、果酒和果酱。

（1）主要种类

美登。是从野生矮丛越橘选出的品种杂交育成，中熟种（在长白山区7月中旬成熟）。果实圆形、淡蓝色，果粉多，有香味，风味好。树势强，丰产，抗寒力极强，在长白山区栽培，5年生平均株产0.83kg，最高达1.59kg。

蓝丰。由美国新泽西州发表的中熟品种，树体生长健壮，树冠开张，幼树时枝条较软，抗寒力强，其抗旱能力是北高丛蓝莓中最强的一个。丰产，并且连续丰产能力强。果实大、淡蓝色，果粉厚，肉质硬，果蒂痕干，具清淡芳香味，未完全成熟时略偏酸，风味佳，甜度为14%，适合鲜食。

公爵。也称都克，为早熟品种。树体生长健壮、直立，连续丰产。果实中大，呈淡蓝色，具有质硬、清淡芳香、风味品质佳、外观好、耐储运等特点，受到普遍的欢迎，成为北美、南美地区主要栽培的品种。在我国的胶东半岛、辽东半岛、吉林省地区栽培均表现优良，目前已经成为我国北方产区最受欢迎的一个早熟优良品种，在长江流域栽培也表现突出，尤其是在江淮地区。

甜心。美国佐治亚大学利用南高丛蓝莓和北高丛蓝莓杂交获得的早熟品种，果实成熟期集中，果实风味好，硬度高，丰产。果实中到大，果实性状和大小与公爵相当（甜心平均果重1.6g，公爵平均果重1.7g），具有二次开花结果这一特性。

（2）营养价值

蓝莓果实中糖的含量随着成熟而增加，可达到13%左右，有机酸含量随成熟而减少，成熟时为1%左右。维生素C含量在100mg/kg左右，大约是蜜橘的1/3。维生素B_5含量也较多，维生素B_5是B族维生素中最稳定的复合体，即使加热也不被破坏，被称为抗糙皮病因子，对人类糙皮病有一定预防作用。蓝莓果实中植物纤维含量极高，栽培种可达45g/kg，比猕猴桃（29g/kg）、苹果（13g/kg）高1.4倍和3倍。野生种花青素含量高达3.3～33.8g/kg，栽培种一般为0.7～1.5g/kg，花青素具有延缓神经衰老、降血脂、清除自由基等抗氧化的生理活性。蓝莓果实中铁、钾、锰等

微量元素的含量很高，果汁中锰含量可达4g/kg。

(3)选购方法

看外形。天然蓝莓并不大，果实平均重0.5～2.5g，最大重5g，因此蓝莓不是越大越好。好的蓝莓圆润、大小均匀，表皮细滑、不黏手；大小不匀、表皮粗糙的说明发育不良。如果蓝莓表皮皱巴巴的，说明储存时间较长，失水过多并不新鲜。

看颜色。成熟蓝莓表皮为深紫色或蓝黑色，覆有白霜。红色蓝莓未成熟，一般用于制作沙拉等菜肴；白霜不明显或没有白霜，说明存放过久不新鲜。

用手摸。用手捏一捏，好的蓝莓果实结实；如果捏起来很软，还有汁液渗出，说明已经熟过度了；如果果肉干瘪、表皮起皱，说明存放时间过久，水分严重流失，不宜选购。

尝味道。好的蓝莓香气馥郁，尝起来酸甜可口，没有果核；如果香味较浅，尝起来酸涩，说明尚未成熟；果核很大的是假冒的，不宜选购。

(4) 储存方法

新鲜蓝莓应放入冰箱，食用前才清洗，最好在10日内食用。可以在冰箱中保存，但是容器一定要干燥。用有盖的硬容器存放未洗的蓝莓，这样可避免碰撞及发霉。不建议用水洗了蓝莓再置入冰箱，因为水份很容易使蓝莓腐烂，所以保持蓝莓外表干燥是延长保存期的不二法门。

蓝莓鲜果在运输过程中也要保持10℃以下的温度。但是果实从田间温度降至10℃以下的低温必须经过预冷过程，去除田间果实热量，才能有效防止腐烂。预冷的方式主要有真空冷却、冷水冷却、冷风冷却。

4.菇娘

菇娘

菇娘又称戈力、洋菇娘、毛酸浆 、金姑娘，满洲乳果，属一年生茄科植物。菇娘原产于中国，南北均有野生资源分布。菇娘在中国栽培历史较久，在公元前300年，《尔雅》中即有菇娘的记载。现在在东北地区种植较广泛。菇娘成熟时挂满枝头，如同一串串灯笼，别具特色。果实近圆形或椭圆形，成熟时果皮黄绿色，光亮而透明，几条纵行维管束清晰可见

（1）营养价值

菇娘果实营养丰富，富含维生素C和胡萝卜素。含糖5% ～11%、有机酸0.9%～2.3%，含有大量的油酸、亚油酸等不饱和脂肪酸。每100g鲜果含维生素C 55mg，还含有铁、磷、钾、钙等微量元素。菇娘果实可以生食，又可制成食品饮料，还可制罐头、果汁、果茶和酿酒，是营养丰富的优良果品。

（2）选购方法

看外形。菇娘的表面有一层“干枯”的表皮，把这层皮剥掉就可以吃到香甜的菇娘了。要检查表皮是否被破坏或者已发生腐烂，腐烂的千万不能选，可能里面也是烂的。

看颜色。成熟新鲜的菇娘应该是浅黄色的，绿色的还没有成熟。而且成熟的标准也要看颜色的等级，土黄色的一般是存放时间过久的。

闻气味。一般买菇娘的时候是可以尝的，先尝一下，如果甜的便可选购。如果有怪味或者涩味建议不要选购。

用手摸。成熟的菇娘，捏起来是饱满的，有种肉肉的感觉。挑选这样的菇娘味道才会比较正宗。

(3) 储存方法

茹娘果宜袋装保存，置于阴凉通风干燥处即可。先要把裂果挑出来，然后阴干，千万不要在太阳下晾晒，外皮干了就可以储存了，一般能储存15～20天。还可以冷冻保藏。

5.桑葚

又名桑葚子、桑蔗、桑枣、桑果、桑泡儿，乌葚等，属于桑科植物，花期3～5月，果期5～6月。在我国有近四千年的栽培史，以长江中下游地区栽培最多。桑葚多数密集成一卵圆形或长圆形的聚花果，由多数小核果集合而成，呈长圆形，长2～3cm，直径1.2～1.8cm。初熟时为绿色，成熟后变肉质、黑紫色或红色，种子小，可食用部分是由花萼组发育而来的。成熟的桑葚质地油润，酸甜适口，以个大、肉厚、紫红色、糖分足者为佳。

桑葚

(1) 营养价值

桑葚营养丰富，含有多种氨基酸、维生素、有机酸、胡萝卜素等营养物质。现代医学研究证明桑葚具有增强免疫、防止人体动脉及骨骼关节硬化、促进新陈代谢等功效。桑葚中所含的芸香苷、花色素、葡萄糖、果糖、苹果酸、钙质、无机盐、胡萝卜素、维生素A、维生素B_1、维生素B_2、维生素C、维生素D和烟酸等成分，具有增强免疫力的功效，并可预防肿瘤细胞扩散，避免癌症发生。

成熟桑葚果的含水量占80%以上，胡萝卜素含量为200～300μg/kg，维生素E的含量为70～120mg/kg，在水果中其含量属于较高的；黄酮类化合物含量占0.41%，可与蓝莓相媲美，黄酮类化合物具有抗氧化、降低血脂和胆固醇等生理活性。

（2）选购方法

看外形。以乌黑发亮、颗粒饱满、果实结实、表面没有出水分的为好。如果桑葚颜色较深的话会更甜。可在挑选时应注意这几点。

看颜色。如果桑葚颜色为半红半黑。那么说明桑葚虽然到了成熟期，但是还没有彻底熟透。这时的桑葚口感是酸中带甜的，并不适合采摘食用，要等桑葚颜色变为深黑时，才为优质的桑葚。

（3）储存方法

桑葚选购方法
扫一扫，了解更多吃的科学

桑葚在售卖时，一般就比较成熟了。常温下2天左右即变色、变味，非常的难保存。如果不能马上食用，可以放置于冰箱中，但也要尽快食用。

用白砂糖或者红糖来腌制。找个密封罐，一层放桑葚，一层放糖，直到放满，然后盖好放冰箱可以保存一个星期左右。不过，如果存放的时间过长，虽然不会变质，但会影响其口感。

将洗干净的桑葚用敞口的容器装起来，盖上保鲜膜，或者是分成小包密封，放进冰箱冷藏。这样可以避免果实的呼吸作用对其品质的影响。等

到要吃的时候，再用热水化开就好。

晒干可以让保存时间更久，具体方法是：用水洗净，拣去杂质，摘除长柄，放在太阳底下暴晒几天，然后再用塑料袋密封起来。

6.沙棘

沙棘，又称醋柳、黄酸刺、酸刺柳、黑刺、酸刺，为颓子科沙棘属，是一种落叶性灌木，主产于半干旱及半湿润地区，国内分布于华北、西北、西南等地。植物高1.5m，生长在高山沟谷中可达18m，棘刺较多，粗壮。嫩枝褐绿色，密被柔毛，老枝灰黑色，粗糙。叶柄极短，几无或长1～1.5mm，叶子细长，枝条和叶面都生有灰白色的细密鳞片或星状毛，这些特点可以减少水分蒸腾。种子小，阔椭圆形或卵形，有时稍扁，长3～4mm，黑色或紫黑色，具光泽。果实呈圆球形，直径1cm左右，为橙黄色或橘红色；果梗长1～2.5mm。花期4～5月，果期9～10月。

沙棘

沙棘是一种优良树种，是植被破坏后或无林地植被恢复的先锋树种，根系能力极强，繁殖容易，且常含有根瘤菌，可以改良土壤，在西北一带，人们常种植沙棘来固定土壤，防止水土流失。兼具深根性树种和浅根性树种根系特征的“复合型”根系，即主根不发达，但可由侧根依此代替形成垂直根系，侧根水平方向延伸能力很强，叶片也具有一定的旱生结构。因此，沙棘抗逆性强，能耐多种贫瘠土壤，如干旱、寒冷、贫瘠的山地、丘陵、荒滩、轻度盐碱地、低湿沙地等不良立地。

沙棘的果实颜色鲜艳，成熟时一簇簇挤在枝间，红红火火，有如一团玛瑙珠，特别漂亮，在日本有个雅致的别名叫“砂地茱萸”。虽然看上去很好吃的样子，但野生的沙棘单宁含量较多，吃起来除了酸就是涩，又因为叶子细长似柳，也俗称“醋柳”，人不适合生吃，倒是很吸引鸟类。加工过的沙棘更受欢迎些，通常是做成饮料、酒、果酱、茶等。

（1）营养价值

沙棘果实果肉油润，质柔软，以粒大、肉厚、油润者为佳。含糖量10%左右，有机酸含量3%～4%。沙棘果中的营养成分丰富，含黄酮类化合物、胡萝卜素、多种维生素以及多种微量元素、18种人体需要的氨基酸等物质。其中维生素C含量为8.68g/kg左右，最高达10g/kg以上，与酸枣相当，是山楂的二十多倍，猕猴桃的十几倍，苹果的200倍。因此，沙棘果有“维生素C之王”的称号。含胡萝卜素30～40mg/kg，维生素E含量为100～150mg/kg，维生素B_1含量为2～4mg/kg，维生素$B_2$4～5mg/kg。

（2）选购方法

果实类球形或扁球形，单个或数个粘连，单个直径5～8mm；表面棕红色或黑褐色，皱缩，多具短小果柄；果肉油润，质柔软。种子扁卵形，长2.5～4mm，宽约2mm，表面褐色，种脐位于狭端，另一端有珠孔，两侧各有一条纵沟；种皮较硬，击破后，子叶乳白色，油性。气微，味酸、涩。以粒大、肉厚、油润者为佳。

（3）储存方法

沙棘果实对贮藏的条件要求非常严格，果实必须保持低温、通风和能排除有害气体的环境，温度以1～5℃为宜。如果是在结冰季节采收的果实，可用少量的水洒在堆积好的果实堆上，把果实封冻起来，再在果实堆上覆盖一层柴草，以保持其清洁。或者将沙棘果酿酒、制成饮料等，也易于保存。

7.葡萄

紫葡萄　　绿葡萄

葡萄是葡萄科葡萄属植物，葡萄属有大约60种，主要分布在三个地区：东亚地区（中国东部至日本），地中海至中亚地区，北美洲东南部。其中，地中海至中亚地区仅有2种；东亚地区种类最多，达30种以上；北美洲东南部及其周边地区次之，有28种左右。葡萄藤小枝圆柱形，有纵棱纹，无毛或被稀疏柔毛，叶卵圆形，圆锥花序密集或疏散，基部分枝发达，果实球形或椭圆形，花期4～5月，果期8～9月。

（1）主要种类

玫瑰香。属于欧亚种。果穗大，呈圆锥形，果粒小。未熟透时是浅浅的紫色，就像玫瑰花瓣一样，口感微酸带甜，一旦成熟却又紫中带黑，含糖量高，入口有玫瑰的香味，甜而不腻，因此得名“玫瑰香”。肉质坚实易运输，易贮藏，搬运时不易落珠。

金手指。7月下旬成熟。抗逆性、适应性、抗寒性强，唯一的高糖度早熟欧美杂交种。果穗巨大，长圆锥形，松紧适度，平均穗重750g，最大穗重1500g。果粒形状奇特美观，长椭圆形，略弯曲，呈弓状，黄白色，平均粒重8g，疏花疏果后平均粒重10g。果皮中等厚，韧性强，不裂果。果肉硬，可切片，耐贮运，含糖量20%～22%，甘甜爽口，有浓郁的冰糖味和牛奶味。果柄与果粒结合牢固，捏住一粒果可提起整穗果。

赤霞珠。是最有名的红葡萄品种之一，在全世界都有广泛种植，具有较高的适应性和产量稳定性，具有酿造顶级葡萄酒的潜力，是许多世界顶级名酒的主要成分，被称为国际品种。赤霞珠葡萄果粒较小，果皮较厚，单宁和色素含量高，适合陈酿。品种香气有黑醋栗、黑樱桃、黑色浆果等黑色水果香气，青椒、芦笋、绿橄榄等植物香气，胡椒、灯笼椒、大茴香等香料香气，经过橡木桶陈酿后，具有香草、烘烤类的香气，经过瓶储陈年后，会有雪松、雪茄盒、麝香、蘑菇、泥土、皮革的香气。

霞多丽。是世界上最著名的白葡萄品种之一。霞多丽本身的香气并不是很浓烈，事实上比较淡雅，可塑性很强。霞多丽的适应能力很强，而且在不同的气候条件以及不同的酿造工艺下，所表现的风味不同：在寒冷产区，通常会有绿色水果如青苹果、柠檬、梨、柑橘类水果的香气；在温和产区，通常会具有白色核果如水蜜桃、柑橘类水果、甜瓜的香气；在热带产区，通常会具有一些热带水果的香气，如水蜜桃、香蕉、菠萝，甚至芒果和无花果的香气。

户太八号。西安市葡萄研究所选育而成，属于欧美杂种，成熟期在9月初。果穗呈圆锥形，果粒着生较紧密，果粒大，平均粒重9.5～10.8g，近圆形，果皮呈紫黑色或紫红色，酸甜可口，果粉厚，果皮中厚，果皮与果

肉易分离，果肉细脆，无肉囊，每果1～2粒种子。总糖含量18%，总酸含量0.25%～0.45%，维生素C含量200～265.4mg/kg。

(2) 营养价值

葡萄的含糖量较高，总糖占13%～20%、总酸占0.35%～0.5%。维生素C含量为220～250mg/kg，与柠檬相当，纤维素为2.3mg/kg左右。葡萄富含抗氧化活性高的花青素，含量为130～200mg/kg。

(3) 选购方法

看外形。品质好的葡萄果粒比较饱满，而且大小十分均匀。一般来说，成熟度比较适中的葡萄，其色泽比较深，而且十分鲜艳。

看果穗。可以把葡萄提起来，看果梗和果粒之间是不是结实，若是一提起来就有落果的话，说明有部分果梗已经腐坏。而且品质好的葡萄一般果粒间比较紧密，不松散。

闻气味。如果葡萄比较新鲜的话，会有浓郁的葡萄香味。但如果能闻到一股酒精味的话，说明葡萄已经开始腐坏了。

(4) 储藏方法

①葡萄要吃的时候才洗，洗了之后容易坏掉。平常买回来之后，用纸包好（可以吸收一些渗出汁液，延长保存期限），放在冰箱。

②有很多人买来新鲜的葡萄就迫不及待地要把它的枝头去掉，这样虽然为你的清洗提供了方便，但也更容易吸引小虫子。因为去蒂后，会导致葡萄的果肉裸露空气中，不但吸引小虫还会加快氧化。

③用保鲜膜密封起来。葡萄不要冲洗直接用碟子装起来，然后用保鲜膜密封，杜绝大量空气，减缓氧化速度。

④用冰箱冷藏。如果是清洗过的葡萄那就必须要冷藏才能减缓变质的速度。温度不宜过低也不宜过高，应在0℃左右。

⑤不要用水泡着吃。当你用水冲洗时，水中存在很多空气泡，如果把葡萄浸入水里时间长了更加容易变质。

⑥按贮藏葡萄量的0.3%称取亚硫酸氢钠，按0.6%称取无水硅酸，充分混合后，分装成若干小纸袋，在葡萄上垫一层纸，再把药袋撒摆在纸上，然后再用包装纸把药袋封闭在筐内置贮藏库中，库温在0～10℃，相对湿度85%～95%为好。在贮藏期间要定期检查贮藏质量、药效及药害情况。

8.甘蔗

甘蔗

甘蔗原产于印度，现广泛种植于热带及亚热带地区。甘蔗含糖量很高，是制糖的主要原料。在世界食糖总产量中，蔗糖约占65%，在中国蔗糖则占80%以上。蔗糖是人类必需的食用品之一，也是糖果、饮料等食品工业的重要原料。甘蔗还可制成蔗糖酯、果葡糖浆等。

（1）营养价值

甘蔗的汁液含量为总重量的20%左右，汁多味甜，营养丰富，被称作果中佳品，其中的蔗糖、葡萄糖及果糖，含量达12%。吃甘蔗主要是通过咀嚼甘蔗茎秆得到其中的汁液。甘蔗浆汁甜美，被称为“糖水仓库”，可以给食用者带来甜蜜的享受，并提供相当多的热量和营养。

有俗语说“甘蔗没有两头甜”。甘蔗生长期主要通过叶片的光合作用合成葡萄糖，葡萄糖再转化为蔗糖，从甘蔗叶片通过茎秆往根部运输。一般来说，运输茎秆的上端甜度较低，越到根部越甜。在挑选甘蔗时，一般选择靠近根部的茎秆比较甜，但是靠近根部的茎秆往往节头多，不容易食用。因此，可挑选中等粗细、节头少，比较均匀的甘蔗茎秆部位。

(2) 选购方法

甘蔗易患“黑心”病或“红心”病，甘蔗发黑可能是赤腐病，发红可能是凤梨病，都是病变的表现。凤梨病就是甘蔗吃起来有明显的菠萝味，长期的低温受冻和高湿环境是产生病变的两个主要诱因。在选购和食用时，一定要注意砍掉发生病变的部分。

看外形。中等粗细、节头少，比较均匀的甘蔗往往比较甜，过粗过细都不建议。挑直的甘蔗，弯的甘蔗可能倒伏过，口感不佳，而且有虫口。

看颜色。一般会挑紫皮甘蔗，皮泽光亮有白霜，颜色越黑越好。因为甘蔗越老越黑，越老越甜。看甘蔗的瓤部是否新鲜，一般新鲜甘蔗质地坚硬，瓤部呈乳白色，有清香味。霉变的甘蔗瓤部颜色比正常甘蔗深，呈浅褐色。甘蔗要肉质清白、味甘甜。冬春季的甘蔗一般是秋季的存货，极易变质，在甘蔗末端出现絮状的白色物质。切开之后，断面上还会有红色的丝状物，这样食用容易导致食物中毒。

用手摸。霉变的甘蔗外皮失去光泽，质地较软。

闻气味。霉变的甘蔗一般无味或稍带酒精味。

(3) 储存方法

甘蔗适宜贮藏温度为0～1℃，相对湿度90%～95%。一般紫红色皮、节间短、茎粗壮、含糖量高的甘蔗较耐贮藏。

未完整甘蔗。如果购买的是已经削皮、切块的甘蔗，那么这样的甘蔗放冰箱中最多保存6小时，保存时间很短，应尽快食用完，不然存放时间过长会影响甘蔗的食用口感及营养价值。

完整甘蔗。完整甘蔗有外皮的保护，所以保存时间较长，一般来说，购买的完整甘蔗可以保存半个月的时间，只是在存放过程中要注意不要让甘蔗受到碰撞，以免出现创伤，缩短甘蔗的保存期。

9.香蕉

香蕉

香蕉果肉香甜软滑，是人们喜爱的水果之一。欧洲人因为它能解除忧郁而称它为“快乐水果”。世界上栽培香蕉的国家有130多个，以中美洲产量最多，其次是亚洲。在一些热带地区香蕉还作为主要粮食。中国是世界上栽培香蕉的古老国家之一，中国香蕉主要分布在广东、广西、福建、台湾、云南和海南等地。

香蕉是呼吸跃变型水果，呼吸跃变后其质地变软，不耐贮运，因此，一定要在呼吸跃变前进行采收。与芒果类似，像香蕉、芒果等，热带、亚热带水果一般都需要在绿熟时就采收，才能安全地进行运输和商品流通，减少采后腐烂损失。在绿熟期采收的香蕉肉硬味涩，无法食用。往往需要催熟才能上市。在催熟过程中，香蕉中的淀粉转化为糖，质地变软，涩味

消失，才可食用。

（1）营养价值

香蕉营养价值颇高，每100g果肉含碳水化合物20g、蛋白质1.2g、脂肪0.6g，此外，还含多种镁、钾等微量元素和维生素。因此，香蕉是高血压患者的首选水果。香蕉含有丰富的酪氨酸，这是一种氨基酸，它是多巴胺的前身物质。多巴胺在大脑内由氨基酸转换而成，而富含酪氨酸的食品则辅助大脑产生多巴胺。多巴胺是一种重要的神经传递素，它可以鼓励我们去追求快乐的事情，能减轻心理压力，解除忧郁，愉悦心情，让大脑保持清醒，帮助人集中注意力，并提高短期记忆和思索的能力。工作压力比较大的朋友可以多食用香蕉。

（2）选购方法

看颜色。一般来说，完全成熟的香蕉是非常黄亮有光泽的。有些还未充分成熟的香蕉的外皮上的光泽可能暗淡一些，表皮上还可能带有淡淡的青绿色，但只需要放置即可完全转变为黄熟香蕉。

看外形。一般香蕉的外皮，是完好无损的，如果有损烂，就会影响食用。香蕉外皮上如果有黑点也是正常现象。在自然条件下，香蕉的成熟都是一个过程，每个部分可能不大一致，有黑点的可能是成熟比较快的。只出现黑点没有烂的地方，都是适合食用的。香蕉柄部有的青绿色，有的已转黄。过熟的香蕉果柄容易从蕉梳上脱落下来。如果蕉梳、蕉柄或香蕉萼端出现发霉的情况，这可能是过熟香蕉。

用手摸。通过用手触可感觉香蕉成熟的程度。未成熟的香蕉比较硬且香蕉上有明显的棱角，成熟的香蕉手触感觉比较厚实而不硬，没有了棱角，适宜食用。香蕉太硬的话，是还没完全成熟的；太软的话，是已经成熟比较久的，可能会影响口感。但是，应注意不要刻意用手去捏香蕉，捏过的香蕉表面上可能看不出变化，可香蕉果肉已经受到损伤，放的时间一长就会从受力的地方开始软烂。

（3）储存方法

由于香蕉是热带水果，其冷敏性强，在高温下很快变软，在温度下又容易产生冷害，因此，其贮运温度一定要严格控制。与芒果一样，11～13℃是香蕉最适宜的贮运温度，保藏温度再低的话就会导致香蕉产生轻微冷害，果皮变色。香蕉的冷害症状为果皮外部颜色变暗，严重时成黑色，内部出现褐色条纹，中心变硬，不能正常后熟。所以买回的香蕉不适宜放到冰箱保藏。

催熟小窍门

消费者买回青的或未成熟的香蕉后，可将香蕉和苹果一起装在塑料保鲜袋中，扎紧袋口，放在温度较高的地方，放置2～3天。苹果释放的乙烯积聚到一定程度时，就可将香蕉催熟，香蕉会很快表皮变黄，果肉变得甜软。

10.菠萝

菠萝是热带水果之一，肉色金黄，香味浓郁，甜酸适口，清脆多汁。菠萝是由许多小果整齐

菠萝

地排列在花轴上而形成的复果，一年四季都可采收，在生产上一般不做长期贮藏，只做短贮和长距离运输。由于菠萝果大而重，肉质多汁，外表粗糙，给运输带来不少困难，在常温下可作4～5天短途运输，长途运输需用化学杀菌剂处理或冷藏车运输。菠萝果实除鲜食外，还可以做成菠萝饭和罐头等多种加工制品，广受消费者的欢迎。

菠萝是非跃变型的果实，但随果实成熟，呼吸量也逐渐升高。在25%的小果转黄时，即八成熟时采收，较耐贮藏。菠萝采收后，果柄伤口面积大，呼吸旺盛，易感染病原微生物而发生腐烂。低氧、高二氧化碳气调保鲜利于保持其品质、风味和外观。菠萝采收后预冷至10℃，用内衬聚乙烯塑料薄膜袋的箱或筐进行包装，于8～10℃可贮藏20天左右。

（1）营养价值

菠萝营养丰富，富含糖类、蛋白质、脂肪、有机酸类、尼克酸、维生素A、维生素B_1、维生素B_2、维生素C以及钙、磷、铁等，尤其含有丰富的维生素C。菠萝的诱人香味具有刺激唾液分泌及促进食欲的功效。不过菠萝太过于酸、涩，一次也不宜吃太多。

（2）选购方法

菠萝可食部分被厚厚的鳞甲严实地包裹着。轻轻按压菠萝鳞甲，微微发软但有弹性的就是成熟度比较好的菠萝，而硬邦邦的则是还没有熟的。如果能压出汁液，那就是过熟的菠萝了。熟得正好的菠萝从外皮上就能闻到淡淡清香，切开后更是香气馥郁，如果还没切开就浓香扑鼻，说明是熟过了。

购买菠萝时，一般需要摊贩帮助削去菠萝鳞甲，剔除倒刺，再带回家切分并在盐水中浸泡。

(3) 储存方法

没有剥皮的菠萝保存方法。将菠萝放在箩筐或类似的通风容器内，里面最好再铺些竹叶或碎纸。然后将其存放在阴凉通风处，没有剥皮的菠萝可按此方法保存较长时间。

切开的菠萝保存方法。

①用保鲜膜包好，方在冰箱里，但最好不要超过两天，吃时用盐水泡一下。

②放在一个比菠萝大的器皿里，加水，水里加两小勺盐，水应没过菠萝。这种方法可以保存24小时，建议尽量在这段时间内吃完，虽然放冰箱能保存更久点，可是切开的食物不宜那样存放。

11.百香果

百香果

百香果，又名鸡蛋果、西番莲，属于西番莲科西番莲属的草质藤本植物，常见的主要有紫百香果和黄百香果两类。因为果实具有蟠桃、石榴、菠萝、芒果、香蕉等多种水果的香气而得名“百香果”，百香果大多原产于美洲，广植于热带和亚热带地区，我国主要在福建、广东、广西、云南、台湾等地种植。蔓长约6m，表面有条纹，无毛。花瓣呈针形，与萼片等长，花瓣的基部为淡绿色，中部为紫色，顶部为白色，也有品种的花呈红色或者白色。花期6月，果期11月。果实呈卵球形，直径5～8cm，单果重25～60g，表面光滑无毛。果皮硬，初期时呈绿色，成熟时呈紫色或者金色。果肉橙黄色，以

两层液囊形式包裹种子，形成许多表面光滑的颗粒。百香果的果瓤多汁液，出汁率高，口感偏酸，可制成饮料，有“饮料之王”的称号。种子极多，呈卵形，为黑色或褐色，可以用来榨油、制皂和制油漆等。

美国人把百香果花称为“热情之花”（Passion flower）。不过Passion一字也含有“基督受难”之意。因为雄蕊看起来像钉在十字架上的基督，副花冠也像耶稣基督头上的光环，而十片花瓣就像跟随基督的十位使徒，因此，在西洋的花语中，百香果花代表着“宗教热情”和“神圣的爱”。日本人称百香果花为“时钟草”，因为他们认为百香果的花瓣像针盘，雌蕊和雄蕊像指针，整朵花看起来像个袖珍可爱的小时钟。

（1）主要种类

黄色百香果。成熟时果皮亮黄色，果皮表面星状斑点较明显。果实呈圆形，果形较大，单果重80～100g。黄色百香果生长旺盛，开花多、产量高，抗病力强，但不耐寒。需要异株异花授粉才能结果，所以要通过人工受粉来保证产量。酸度大，香气淡，果汁含量高，可达45%，一般用于工业原料加工果汁，不适合鲜吃。

紫色百香果。成熟时果皮呈紫色，甚至紫黑色，果皮表面星状斑点不明显。果实呈鸡蛋形，果形较小，单果重40～60g。紫色百香果耐寒耐热，但抗病性弱，长势弱，产量较低。果汁香味浓、甜度高，适合鲜食，但果汁含量低于黄色百香果，平均在30%左右。

紫红色百香果。是黄、紫两种百香果杂交之优质品种。果皮紫红色，果皮表面星状斑点明显，果实呈长圆形，果形较大，单果重100～130g，抗寒抗病力强，长势旺盛，可自花授粉结果，不用人工受粉。色泽橙黄，含糖量在20%左右，果汁含量达40%以上，鲜食和加工都适合。

（2）营养价值

百香果的含糖量为8%～10%，维生素C含量在200mg/kg左右，与柠檬相当，维生素E含量在40mg/kg左右；矿物质含量较高，其中钙和钾的含量都约为40mg/kg；总氨基酸含量在10g/kg以上，含有多种人体必需氨基酸；膳食纤维含量在10g/kg以上，在水果中属于膳食纤维含量较高的水平，膳食纤维可以促进肠蠕动，对便秘有一定的缓解作用，而且可以使致癌物质在肠道内的停留时间缩短，对肠道的不良刺激减少，从而预防肠癌的发生。百香果子中不饱和脂肪酸含量为40.30%，其中人体必需脂肪酸亚麻酸为8.57%。

（3）选购方法

新鲜的百香果果形端正，表皮没有明显外形缺陷或突起，绿色减退，逐渐呈现红色，尽量避免选到表皮干瘪且带一块块湿烂的褐色破损地方的百香果，那种是已经变质的百香果。新鲜熟果放两到三天再吃，果皮呈深紫色或大红色的果则较为成熟，果味浓厚香甜。

变质的百香果有明显的湿烂特征，变质的地方轻戳就破，或是打开果皮内壁有灰黑色斑点的也是坏果，但如果是快递运输造成的凹陷或是失水变皱则不必担心。百香果果皮变皱并不表示果肉会变干，皱皮只能说明果皮在收缩。其实这样的百香果因为充分成熟可能会更甜，对于紫香和台农等品种的百香果来说，等到皮皱反而会因为糖分的积累更好吃，不过对于蜜糖百香果是不需要的，即使表面光滑也可以直接吃。

（4）储存方法

百香果在保存的时候不要密封，最好是裸放在通风干燥的地方保存，也可以放在冰箱冷藏室里保存，这样才不容易变质。

百香果存放时间会随着温度变化而变化，一般来说，10～15℃的温度是最适宜存放百香果的，如果百香果属于半红半绿的状态，存放两周的样子就会熟，在通风条件下可以存放10天左右，气温越高，保存时间越短。

新鲜的百香果如果放在通风的地方或冰箱里保存，可以存放一周甚至更久，但要注意不要让百香果碰水。

切开的百香果可以用来加工做成百香果冰棍放在冷冻室里，这样保存的时间比较长，可以保存1年多。

12.荸荠

荸荠

荸荠又名马蹄、水栗、乌芋、菩荠等，属单子叶莎草科，为多年生宿根性草本植物。本产于中国，广布于全世界，中国各地都有栽培，以热带和亚热带地区为多。荸荠皮色紫黑，肉质洁白，味甜多汁，清脆可口，既可做水果生吃，又可做蔬菜食用。球茎富淀粉，供生食、熟食或提取淀粉，味甘美。

（1）营养价值

荸荠中的磷含量是所有茎类蔬菜中含量最高的，磷元素可以促进人体发育，同时促进体内的糖、脂肪、蛋白质三大物质的代谢，调节酸碱平衡。

（2）选购方法

看外形。以皮薄，芽粗短，无破损为好。荸荠表皮一般呈淡紫红色或紫黑色，如果发现荸荠表皮色泽鲜嫩，或呈不正常的鲜红色，分布又很均匀，最好不要购买，因为可能是经过浸泡处理的。

闻气味。在挑选荸荠时，可以闻一闻荸荠的味道，如果有刺鼻的味道，或别的异味，最好不要购买，因为可能是被浸泡处理过。

用手摸。在挑选荸荠时，要注意观察有无变质、发软、腐败等状况，还可以用手挤荸荠的角，如果浸泡过，手上会有黄色的汁液。

（3）储存方法

由于荸荠极易腐烂，最好带皮储存。鲜荸荠可以洒些水然后用保鲜盒装好，再放入冰箱，这样可保存两周。这种方法会使荸荠的味道变淡，但不会影响其鲜脆的口感。

去皮之后的荸荠会被氧化变色，因此，可以将去皮之后的荸荠放在密封盒中或者是将荸荠放在容器中，然后盖一层保鲜膜，放在冷藏室中保存即可。还有一种防止荸荠变色的方法，是将去好皮的荸荠放在较深的容器中，然后加水没过所有荸荠表面，再将容器放在冷藏室中冷藏即可。但是这种方法荸荠味道会变淡，最好一两天之内食用完。

去皮荸荠除了可以新鲜的保存，还可以将荸荠蒸熟或者煮熟之后，晾干表面水分，放在冷藏室保存。如果想要保存时间更久的话，可以将熟荸荠放在冷冻室保存。

（二）瓜果类

1.西瓜

西瓜

西瓜堪称“盛夏之王”，味甜多汁，能降温去暑，冰镇后更是甘甜清爽，是最受欢迎的夏季水果。当然，由于栽培措施和生产技术的发展，西瓜在我国各地都有栽培，现在人们可以全年吃到新鲜西瓜。

（1）营养价值

西瓜含水量很高，可以达90%以上，最高甚至可以达94%。西瓜中所含的糖分以果糖为主，并且有机酸含量很低，因此，尽管含总糖量只有4%～5%，但口感还是很甜。西瓜的红色，来源于细胞内含有的番茄红素，其含量可达到23～72mg/kg，这个含量要比新鲜番茄高出2～4倍。

（2）选购方法

敲瓜辨生熟的原理。生活中常常通过敲击的方法来判别西瓜的生熟程度。生瓜水分相对要多，皮、瓤相对要硬，瓜瓤中水分含量大，所以在敲的时候，声音清脆，音调较高。而熟瓜的声音则发闷、疲而浊，音调较低，在用一只手托起西瓜，用另一只手轻拍或敲击的时候，托起西瓜的手能感受到明显的震动。不同品种的瓜，瓜皮厚的音调高，瓜小的音调高，含水量大的音调高。因此，需要实践锻炼才能掌握敲瓜辨生熟的方法。

瓜蒂弯的西瓜不一定甜　其实，瓜蒂是否弯曲和西瓜的甜度并没有直接关系。我们看到的瓜蒂，学名称为果柄，实际上是西瓜雌花的花柄发育而来的。由于西瓜的花着生在叶腋处，因此，在开花期间，由于藤蔓生长的影响，雌花在瓜藤上生长的朝向是不同的。当雌花授粉、开始膨大增重时，果柄受到逐渐增重的果实牵拉，开始变形。对于很快接触到地面的果实来说，由于有了大地的支撑，果柄不会被继续牵拉变形；而对于另一些果实来说，则要将果柄拉的弯弯的才能安稳的接触地面。在果实随后生长的过程中，果柄也在不断加厚，产生更多维管组织来供应糖等物质，最后定型，成为了我们看到的瓜蒂。

由此可见，瓜蒂弯曲与否其实并不影响果实本身的生长和物质储存，因此，通过观察瓜蒂是否弯曲并不是一个靠谱的判断方式。而且，西瓜在生长过程中，通常还要经过几次“翻瓜”过程，也就是将西瓜着地的一面慢慢翻到上面，从而让西瓜能够更均匀地发育，经过“翻瓜”过程，果柄有可能由直变弯，也可能由弯变直，所以说瓜蒂弯曲与否，和西瓜的甜度没有关系，可不要喜“弯”厌“直”哦。

花纹整齐清晰的西瓜不代表更好　西瓜表面的花纹其实是不同部位的果皮细胞中的叶绿体密度不同造成的，是果皮的自身属性。通常西瓜果皮的花纹为平行排列。如果花纹整齐，可以一定程度上反映西瓜是均匀膨大的。此外，如果西瓜没有经过“翻瓜”，会造成着地的一面色泽发黄，果皮厚，也会影响花纹的整齐度。不过如果是这种发育不均匀的西瓜，从外观

上一眼就能看出来，依靠花纹整齐来判断的实用性并不高。

而至于依靠花纹“是否清晰”来判断瓜的品质，这个就更不靠谱了。前面说过，含有不同密度叶绿体的细胞在果皮内的分布决定了西瓜的纹路，但是对于不同品种的西瓜，花纹的深浅和分布千差万别。例如北京地区常见的“京欣一号”和华东地区常见的“8424”西瓜，是典型的有着“清晰条纹”的西瓜。而“黑美人”，则由于瓜皮颜色较深，花纹就不明显了。更有甚者，例如在陕西、甘肃一带种植较多的“陆地青皮西瓜”，其果皮上的花纹细小且分散在整个表面，几乎看不出有明显条带。因此，如果面对不同品种的西瓜，挑选的时候就不可笃信“花纹清晰的就好”这一理念。

(3) 储存方法

成熟的西瓜往往出现瓜蒂萎蔫、老化，瓜皮色泽较为明亮，条纹明显的特点。西瓜对乙烯敏感，不宜和乙烯释放量多的水果如苹果等一起贮藏、存放或运输。否则，西瓜很容易被乙烯催熟，出现过熟现象。过熟的西瓜果肉发绵，风味变淡，口味下降。

夏天大家都喜欢把西瓜放入冰箱冰镇着吃，通常情况下，西瓜保存期在13℃下可存放14～21天；但在冰镇情况下，例如只有5℃的话，西瓜一周后就会开始腐烂。而且，冰箱里含有厌氧菌，随着时间的延长，厌氧菌的数量会越来越多，附着在切开的西瓜瓤上，不仅会破坏西瓜所含的维生素、矿物质等营养成分，过凉的瓜瓤还可能会让胃肠功能好的人，出现胃肠功能紊乱、腹泻等症状。另外，西瓜属于含水量较多的水果，长时间冷藏会使水分大量蒸发，带走营养成分。因此，新买的西瓜放在冰箱里不要超过一天，切开后的存放不要超过1小时。

2.甜瓜

华莱士瓜

甜瓜又称香瓜、哈密瓜、白兰瓜、华莱士瓜。因栽培悠久，品种繁多，果实形状、色泽、大小和味道也因品种而异。如普通香瓜、哈密瓜、白兰瓜等均属不同的品系，在我国各地均有栽培。哈密瓜是一类优良甜瓜品种，果型圆形或卵圆形，味道甜美，果实大，以新疆哈密所产最为著名，故称为哈密瓜。据史料记载，清朝康熙年间，哈密王把甜瓜作为礼品向朝廷进贡，“哈密瓜”便由此得名，并成为新疆甜瓜的总称。

甜瓜有厚皮甜瓜和薄皮甜瓜之分。据史料记载，薄皮甜瓜的分布比较广，在我国大部分地区都有薄皮甜瓜栽培。我国西部少雨干燥地区则是厚皮甜瓜的主要产区，驰名中外的新疆哈密瓜、兰州白兰瓜、内蒙古的河套蜜瓜都产于这一地区。薄皮甜瓜的整个瓜皮都可食用，而厚皮甜瓜的外皮粗糙不可食用。在厚皮甜瓜中，有的带有致密的网纹，如哈密瓜，有的表面光滑，如河套密瓜等。

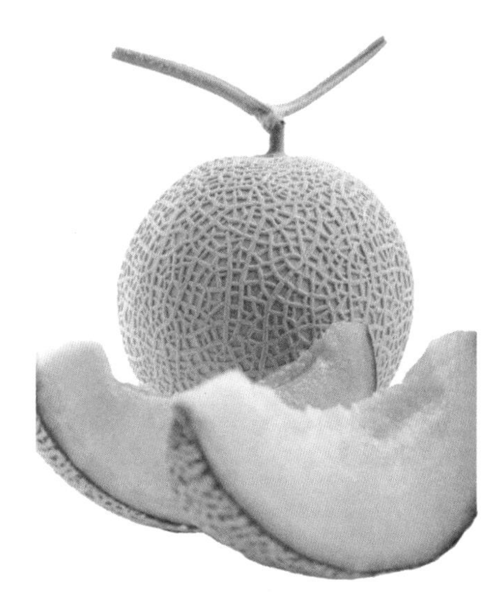
哈密瓜

（1）营养价值

甜瓜是重要的夏令消暑瓜果，因味甜而得名。甜瓜含有丰富的蛋

白质、碳水化合物、胡萝卜素、维生素B_1、维生素B_2、维生素C、苹果酸、柠檬酸、烟酸、钙、磷、铁等营养素。

（2）选购方法

看颜色。黄皮瓜的皮越黄越好吃、蜡黄最佳，白皮瓜选颜色透亮的。黄肉甜瓜以肉色橙黄为佳，白肉甜瓜瓜肉以乳白色为佳，绿肉甜瓜肉色以绿白为佳。

看纹路。纹路越突出、越清晰的甜瓜其成熟度越高，而且斜对着光看，纹路越透亮瓜越成熟。

摸瓜蒂。俗语说“瓜熟蒂落”，自然成熟的甜瓜随着瓜柄的脱落，会形成瓜蒂蒂痕，而还未完全成熟的甜瓜采摘下来一般都有瓜蔓。

闻香味。甜瓜俗称香瓜，成熟的白皮瓜香气更浓，而生瓜气味较淡。将鼻子靠近瓜顶，可闻到浓郁的甜瓜特有香气。

掂重量。甜瓜成熟后水分会明显减少、糖分增多。如果大小差不多、选择重量轻的那个，不仅更省钱、而且也更甜。

挑选哈密瓜小秘诀

哈密瓜有后熟作用。市售哈密瓜往往在八成熟时采收，此时皮色由绿色转变为该品种成熟时固有的色泽，网纹清晰，有香气释放，手轻压脐部有弹性。哈密瓜采后要晾1～2天，表皮散去部分水分，可提高瓜皮的韧性和抗病性。可通过看瓜皮上面网纹的连续、隆起与深浅程度来判断哈密瓜的成熟程度。网纹致密、均匀，且较多较深的哈密瓜甜度高，口感好。

（3）储存方法

甜瓜适合放在低温、干燥通风的避光处，所以甜瓜是能放进冰箱的。一般都是把已经切好的甜瓜用保鲜膜包好，放进冰箱冷藏，但是冷藏时间也不宜过长。如果是整个的甜瓜就不要放进冰箱冷藏了，直接放在干燥通风的地方就行，因为整个的甜瓜冷藏的话，会破坏掉它的口感，就是俗话说的“冻熟”了，它的口感就会变得不香脆。

3.木瓜

木瓜属于蔷薇科木瓜属，灌木或小乔木，高达5～10m，叶片椭圆卵形或椭圆长圆形，果实长椭圆形，暗黄色，果梗短。花期4月，果期9～10月。木瓜在中国有很悠久的应用历史，早在《诗经》里就有提到过木瓜，“投我以木瓜，报之以琼琚……投我以木桃，报之以琼瑶，匪报也，永以为好也”。而且这里的木桃也是木瓜属的，学名是毛叶木瓜，是中国的特有种。

木瓜

木瓜的栽培地区主要分布在我国广东、广西、福建、云南、台湾等地，木瓜常见的种类一般有广西青木瓜(番木瓜)、海南夏威夷水果木瓜、皱皮木瓜(药用宣木瓜)。

（1）营养价值

木瓜含有丰富的维生素C，食用半个木瓜就足以提供成人整天所需的维生素C的量。木瓜还含有丰富的类胡萝卜素，在人体内可以转化成维生素A。木瓜中含有蛋白酶、木瓜凝乳蛋白酶、淀粉酶等，可以分解肉类中的蛋白，让肉变软变嫩。国外常有将木瓜汁液滴在牛肉上，让牛肉更鲜美的烹调方法，嫩肉粉中的主要成分就是木瓜蛋白酶。

（2）选购方法

由于生产地域的限制，木瓜一般在未成熟时就会被摘下来，经过包装运输到北方销售。生的或半生的木瓜比较适合煲汤，比较熟的木瓜适合鲜食。木瓜成熟时，表皮呈黄色，味道特别清甜。表皮上呈现黑点的，是过熟的木瓜。

挑选木瓜时，先要看好木瓜的品种，木瓜分两种，青木瓜和熟木瓜。青木瓜要选表皮光滑、呈亮青色、不能有色斑的，这种木瓜可以用来煲肉汤。如果要做成甜品或者直接吃，就要买熟木瓜了。熟木瓜要挑手感很轻的，这样的木瓜果肉比较甜，手感沉的木瓜一般还未完全成熟，口感有些苦。挑选时，如果木瓜表面上有点胶质，那是糖胶，这样的也会比较甜。买回的木瓜如果是当天就要吃的话，可选瓜身全都黄透的，轻轻地按压瓜的表面，有点儿软的感觉，这种木瓜就非常甜了。

然后，在挑选木瓜时还要注意，木瓜也分公母，肚子大的是母的，这种木瓜就比较甜，并且果肉比较厚。另外，挑选木瓜时，木瓜的果皮一定要亮，颜色要均匀，不能有色斑。挑木瓜的时候要轻按其表皮，千万不可买表皮很松的，要买木瓜果肉结实的，这样口感才好。同样是黄透的木瓜，选的时候要选瓜肚大的，木瓜最好吃的就是瓜肚的那一块，瓜肚大证明木瓜肉厚。

想知道木瓜鲜不鲜，还可以看看瓜蒂，如果是新摘下来的木瓜，瓜蒂还会流出像牛奶一样的液汁，我们完全可以通过瓜蒂的情况来推断瓜是否新鲜。需要注意的是，有子的和无子的木瓜只是品种有所不同，在营养价值方面是一样的。

(3) 储存方法

先用报纸将木瓜包起来，放在阴凉的地方保存。这样木瓜就可以长时间保持新鲜的状态。木瓜是不能放入冰箱保存的水果，因为木瓜只要碰到水，是会出现黑斑，而冰箱虽然有吸水的功效，但是一旦从冰箱取出时，温差会使木瓜表面出现水分，从而会出现不新鲜的黑斑。

（三）橘果类

1.橘子

橘子

橘是芸香科柑桔属的一种水果。“橘”和“桔”都是现代汉语规范字，然“桔”作橘子一义时，为“橘”的俗写。在广东的一些方言中二字同音，“桔”也曾做过“橘”的二简字。闽南语称橘为柑仔。西南各方言中呼为“柑子”或“柑儿”。

橘子的原产地是中国，由阿拉伯人传遍欧亚大陆，橘子至今在荷兰、德国都还被称为“中国苹果”。中国是橘子的重要原产地之一，柑橘资源丰富，优良品种繁多，有4 000多年的栽培历史。我国橘子的种类分布在北纬16°～37°，海拔最高达2 600m（四川巴塘），南起海南省的三亚市，北至陕、甘、豫，东起台湾省，西到西藏的雅鲁藏布江河谷。但我国橘子的经济栽培区主要集中在北纬20°～33°，海拔700～1 000m以下。橘子的种类繁多，包括：砂糖橘、蜜橘、贡橘、长兴岛橘、黄岩橘、四季橘、金蛋果、福橘、叶橘、天台山蜜橘、贡橘、黄岩蜜橘等。

（1）营养价值

柑橘果实营养丰富，色香味兼优，既可鲜食，又可加工成以果汁为主的各种加工制品。柑橘产量居百果之首，柑橘汁占果汁的3/4，广受消费者的青睐。据中央卫生研究院分析，柑橘每100g的可食部分中，含核黄素0.05mg，尼克酸0.3mg，抗坏血酸（维生素C）16mg，蛋白质0.9g，脂肪0.1g，糖12g，粗纤维0.2g，无机盐0.4g，钙26mg，磷15mg，铁0.2mg，热量221.9焦耳。橘中的胡萝卜素（维生素A原）含量仅次于杏，比其他水果都高。

（2）选购方法

看外形。橘子个头以中等为最佳，太大的皮厚、甜度差，小的又可能生长得不够好，口感较差。多数橘子的外皮颜色是从绿色，慢慢过渡到黄色，最后是橙黄或橙红色，所以颜色越红，通常熟得越好，味道越甜。不过要注意的是，贡柑在成熟前采摘，果皮是青绿色的，但味道也不酸，但是红色的会更甜。另外，看看橘子蒂上的叶子，叶子越新鲜，也说明橘子越好。还有一种方法，就是看橘子尾部是否是一个圈，而不是一个点，一般是圈的相对来说会比较甜的。

看果皮。甜酸适中的橘子大都表皮光滑，且上面的油胞点比较细密。

用手摸。皮薄肉厚水分多的橘子都会有很好的弹性，用手捏下去，感觉果肉结实但不硬，一松手，就能立刻弹回原状。

（3）储存方法

橘子上不能带水，带水的橘子容易腐烂并且影响其余的橘子。橘子可以放入冰箱冷藏，但果味会变酸。可以将橘子放到篮子里或纸箱中，放在屋内（周围不要有热源，如厨房、冰箱旁等就不行），要通风，但不能让风直接吹到它们，这样会失水，也不能直接放到地上（放地上容易腐烂），要放到桌上或柜上。

2.橙

橙

橙，又称柳橙、脐橙、黄果、金环、柳丁，属于芸香科柑橘属植物，主要分布在江西、湖北、湖南、江苏、贵州、广西及云南。枝条具刺，叶呈长椭圆形，叶柄长，花单生、丛生或呈总状花序，呈白色，种子呈长椭圆形或卵圆形，表面具棱纹。果色金黄，酸甜香蜜，是鲜食和加工的优良果品，而且成熟期差异大，可延长鲜果和加工原料的供应期。

橙子是柚子和宽皮橘的天然杂交种，在人们发现杂交技术之前，它们

就存在了。从考古得到的证据显示，早在公元前2500年，我国就开始种植橙子。而橙子被西方人认识，则是很久之后的事情了。大概在14世纪的时候，橙子被葡萄牙人带回欧洲，在地中海沿岸种植。1493年哥伦布第二次造访新大陆时，橙子才登陆美洲大陆，并且在那里找到了真正的乐土。虽然市场上众多甜橙都以原产美国自居，不过这并不说明它们的老家就在美洲。

（1）主要种类

甜橙。果实呈圆形，果顶无脐，或间有圈印。甜橙是世界上主要的橙汁加工品种，还可以用于精油提取等。冰糖橙是黔阳大红甜橙优育出来的品种，以品种优良、味浓香甜、果皮薄、不塞牙、肉质脆嫩等而倍受市场欢迎，湖南栽培较多。

脐橙。由于基因突变，导致脐橙的“肚脐”部位的细胞分化成果肉，形成了一个具有橘瓣状结构但发育不完全的副果。副果的膨大撑裂了脐部的果皮，在果实顶部留下了形如人类肚脐的疤痕，脐橙因而得名。脐橙果型大，成熟早，剥皮与分瓣均较容易，味浓甜略酸，主要供鲜食用。其中红肉脐橙的果肉呈红色，主要是因为果肉中含有类胡萝卜素和番茄红素，类胡萝卜素的含量在30～60mg/g，番茄红素的含量在10～20mg/g。比较有名的品种有赣南脐橙、信丰脐橙、寻乌脐橙等。

血橙。地中海地区是其起源地和主产地。果顶无脐，体积小于一般的橙。果皮比较光滑，呈紫红色，果肉细嫩多汁，具特殊香味。果肉及果汁全呈紫红色或暗红色，这是因为血橙中有花色苷，而且血橙是橙子中唯一含有花色苷的种类，血橙汁中的花色苷含量可达到68mg/L以上。花色苷具有抗氧化及消除自由基、降低血清及肝脏中的脂肪含量等生理活性。比较有名的品种有塔罗科血橙、玫瑰血橙、红玉血橙等。

（2）营养价值

橙子中水分占80%左右，含糖量为10%左右，富含胡萝卜素和维生素，其中维生素C含量约为300～400mg/kg，比柠檬高，膳食纤维的含量约为6mg/kg。富含铁、铜、锌等矿物元素，含有人体必需的17种氨基酸。

（3）选购方法

看外形。橙皮的肌肤要细腻，毛孔细小，这样橙子皮也会比较薄更好吃；如果毛孔粗大，通常都是大厚皮。

看颜色。红一些的更甜。这个要看个人口味，如果喜欢比较甜的，那可以选购红一些的橙子。

橙子选购方法
扫一扫，了解更多吃的科学

用手摸。轻轻捏橙子，硬的比软的好，而且要有弹性，说明橙子比较新鲜。

掂重量。同等大小的，要挑沉甸甸的，轻的不要选。

（4）储存方法

如果数量少的话，可以放在冰箱里保鲜，不过放之前一定要用保鲜袋密封起来，不然水分很容易流失，会变得皱巴巴的，就不好吃了。如果数量多的话，就用保鲜袋装好密封，放在纸箱里，常温保存，阴凉处存放即可。

3.柠檬

柠檬

柠檬又称柠果、洋柠檬、益母果等，为芸香科柑橘属植物。小乔木，枝少刺或近于无刺，嫩叶及花芽暗紫红

色，叶片厚纸质，卵形或椭圆形。单花腋生或少花簇生。果呈椭圆形或卵形，果皮厚，通常粗糙，柠檬黄色，果汁酸至甚酸，种子小，卵形，端尖；种皮平滑，子叶乳白色，通常单或兼有多胚。花期4～5月，果期9～11月。

（1）营养价值

柠檬营养丰富，是维生素C的优质来源，同时也是维生素B_6、钾、叶酸、黄酮类化合物和重要的植物生化素柠烯的来源。一些细胞和动物层面的研究表明，柠檬提取物具有抑制癌细胞生长的生理活性。柠檬气味芬芳，是许多饮品、甜点和菜肴的最佳配料，但果肉却酸得难以入口，不宜鲜食，这主要是因为柠檬的果汁中含有大量果酸，其中最主要的柠檬酸比例高达5%以上。柠檬汁是极佳的“嫩肉神器”。柠檬中的酸性物质有助分解肉类纤维，使牛排和猪肉等口感更嫩。

（2）选购方法

看外形。柠檬果皮要挑选光滑，没有裂痕，没有虫眼的。至于大小方面，在挑选的时候不要挑选过大的就可以。

看颜色。柠檬多以金黄色为主，挑选时候挑选颜色均匀，亮堂，饱满的柠檬。柠檬是长椭圆形，所以有两端。在挑选的时候可以看看两端的果蒂部分，如果是绿色，那就是很新鲜的柠檬。

掂重量。买的时候要掂量一下，挑选较重的柠檬，因为这样的柠檬中的水分会比较充足。

（3）储存方法

较新鲜的柠檬可以在常温下保存，保存时间大概1个月左右。也可以将新鲜的柠檬切成片状，再将切片后的柠檬放入密封容器内。将容器内加入蜂蜜，注意要盖过柠檬片，然后将容器放入冰箱就可以了，保存期限大概为1个月。

对于吃剩下的柠檬，可以将其用保鲜膜包好，然后放进冰箱保存，但是最好在短期内将剩余的柠檬吃完。

4.柚

蜜柚

葡萄柚

柚为芸香科柑橘属乔木，多为中国长江以南地区栽培。嫩叶通常暗紫红色，嫩枝扁且有棱。叶质颇厚，颜色浓绿，阔卵形或椭圆形。花蕾淡紫红色，稀乳白色；花萼不规则，花柱粗长，柱头略较子房大。果圆球形，扁圆形，梨形或阔圆锥状，横径通常15cm以上。种子多达200余粒，也有无子的，形状不规则，通常近似长方形。花期4～5月，果期9～12月。

有人把柚子比作"天然水果罐头"，这是因为柚子的皮厚，方便储存。柚子有一种特殊的苦味，这主要是由一种叫做柠檬苦素的物质引起的，其实柑橘类的水果多少都有这样的苦味。

(1) 主要种类

蜜柚。又名香抛，多数生长于南方，并以福建省平和县、广东韶关所

产的柚子最为著名，大多在10～11月果实成熟时采摘。根据果肉颜色，蜜柚可分为三类：一种是最常见的白肉柚子；一种是黄肉柚子，果肉是黄色的；还有一种是果肉是红色的红心蜜柚。红心蜜柚又名红肉蜜柚、红心柚、红肉柚、血柚，是由福建省平和县溪柚园中发现的，琯溪蜜柚的变异株系选育而成的，果形呈倒卵形，平均单果重1.48kg，果汁率可达59%，其果汁含糖量约为95g/L，维生素C含量约为365mg/L。该品种具有肉红、早熟高产、酸甜爽口、苦涩味少等优点。其果肉呈红色的原因主要是含有番茄红素和β－胡萝卜素这两种类胡萝卜素。红心蜜柚的果肉中番茄红素和β－胡萝卜素含量约为55mg/kg和41mg/kg，分别是琯溪蜜柚的55倍和47倍。β－胡萝卜素和番茄红素具有抗氧化的生理活性，有助于清除人体内的自由基。

葡萄柚。又称西柚。葡萄柚的名字中虽然带着“葡萄”二字，但其实跟葡萄没有什么关系。之所以得名，是因为它们的果实在枝头生长得过于密集，远看就像一串串葡萄。葡萄柚按果肉的颜色分为两类。一是白色果肉的栽培种，二是有色果肉的栽培种；按果实内核的有无又分成无核栽培种和有核栽培种。早期栽培的葡萄柚果实为白肉、有核，统称为“邓肯”。随后发现了无核果实及不同色泽的果肉，加上人工培育的已有20多个品种。主要经济品种有5～6个，其中最重要的栽培品种是邓肯、马叙、汤普森、星路比和红玉等。邓肯是美国最古老的葡萄柚品种，其树势健壮高大，丰产性好，果大皮厚，果肉白色，柔软多汁，酸甜适中、微苦，有核(30～50粒)，1～3月成熟。马叙原产于美国佛罗里达州，其果实较邓肯葡萄柚小，成熟期晚，白肉，味酸，无核（0～6粒），留树挂果贮藏性能佳，是目前商品栽培的重要品种。

(2) 营养价值

柚子的营养价值很高，含有非常丰富的蛋白质、有机酸、维生素以及钙、磷、镁、钠等人体必需的元素，这是其他水果所难以比拟的。它还含有非常丰富的维生素C和柚子酸，每100g柚子中富含150mg的维生素C。同时柚子富含的橙皮柑，其功效类似于维生素P，对于保护和强化毛细血管、预防脑溢血有显著功效。柚子的金黄色外皮含有胡萝卜素，是维生素A的主要来源。

（3）选购方法

看外形。“选尖不选圆，越尖越好”的说法是错的，尖不尖主要是和品种有关。如果在同一品种内比较的话，尖的这一部分全都是皮，越尖的只能说明皮相对来说更厚。

看大小。并不是越大的柚子越好。大的往往皮太厚，水分和糖分积累不足，果肉如果因为皮厚而没有水分和糖分填充的话，吃起来就干瘪无味。当然太小的确实往往发育不良。所以应该挑选中大小适中的。

看颜色。蜜柚一般不会变得特别黄，选黄白色的即可。另外表皮颜色不均匀、尤其是有特别突兀的色块往往说明这个果实发育不同步，品质不太好。

看果皮。如果果皮起皱，说明果实失水严重，不新鲜。可以选择选表皮比较光滑的，如果表面比较粗糙，则皮里面的油腺发达，说明这个果实的很多营养都用在了果皮的发育上，可能会皮厚味淡。

摸质感。挑选柚子时可以用手指按住底端，感受硬度。果皮在成熟过程中会变得松软，按不动说明比较生。如果按下去感觉松软，很容易就能接触到较硬的果肉，说明这样的果实皮薄而且成熟度好。

（4）储存方法

柚子不宜放冰箱。放冰箱里的柚子存放的时间反而会缩短。可以将其放在10℃以上的通风干燥处保存，温度不宜过低，避免阳光直射，彼此不要挤压，即可保鲜。这种常规的保存方法能保证柚子在10天内新鲜，味道不发生变化。

如果柚子已经剥开，那倒可以放冰箱里，不过，要先用保鲜膜包一下，也可装入塑料袋中，封好袋口放入冰箱，这样可以保证水分不流失，达到保鲜的效果。

（四）核果类

1.椰子

椰子是椰子树的果实。椰子外层为纤维化的硬壳，内含可食用的厚肉质。椰果新鲜时，含有清澈的液体，叫做椰汁。椰肉色白如玉，芳香滑脆；椰汁清凉甘甜，晶莹透亮。椰子汁清如水、甜如蜜，是极好的清凉消暑、生津止渴之佳品。

椰子

（1）营养价值

椰汁和椰肉都含有丰富的蛋白质、果糖、葡萄糖、蔗糖、脂肪、维生素B_1、维生素E、维生素C、钾、钙、镁等。在每100g椰子中，能量达到了900多千焦，蛋白质4g，脂肪12g，膳食纤维4g，另外，还有多种微量元素。椰肉的含油量约为35%，油中的主要成分为癸酸、棕榈酸、油酸、月桂酸、脂肪酸、游离脂肪酸及多种甾醇物质。这些物质具有补充机体营养、美容、预防皮肤病的作用。

(2) 选购方法

椰子有两种，分别是青椰和黄椰。青椰子的水比较清凉，更加甜，夏天喝上一口新鲜的青椰子水，就会觉得无比的清凉爽口。若是为了喝椰汁，那么建议选择青椰子。椰子的外皮是一层很好的保护伞，能保护好椰子的味道，如果没有这层外皮，椰子就会失去保护而不再那么新鲜了（为了方便运输，现在海南以外其他省份市面上卖的几乎都是不带壳的椰子）。当然，不带壳的在短时间内不会变质，但是时间长了椰汁就会变味。所以，在选择椰子的时候，一定要选择带有完整青色外皮的椰子。

此外，如果只是为了能够喝新鲜的椰子水，那么在选择椰子的时候，还要把椰子放在耳边摇一摇，听听有没有椰子水的响声。如果听到椰子水的响声，则说明这只椰子已经老了或者是存放很长时间了。选择这样的椰子来喝水，则品味不出天然椰子的清香了。最适合喝水的椰子是从树上刚摘下来，摔在地上外皮不破，摇起来听不见水声的，只是清脆的声音。

(3) 储存方法

温度为0～1℃，相对湿度80%～85%，贮藏40～60天。椰子为热带果树，但耐低温性能强，在0～1℃下无冷害产生，进行防腐处理有一定的防霉作用。椰子在高湿度环境下贮藏极易生霉，但是相对湿度过低时失重大，椰子汁液容易变干。采收搬运中要轻拿轻放，防止表皮出现机械伤、爆裂，贮藏时可用PE塑料薄膜包装。

2.芒果

芒果是杧果的通俗名，是著名热带水果之一，在我国产于云南、广西、广东、福建、台湾等地。芒果品种丰富多样，市场上常见的有个头较大的紫花芒果，个头较小但风味浓郁的台芒，有成熟比较晚的凯特芒果等。由于气候和地域的差别，芒果基本上可做到全年生产与供应。芒果的主要产区会在芒果成熟季节里举行芒果文化节，进行产品推广活动。芒果可制作果汁、果酱、罐头等，近年来，利用速冻快速干燥方法生产的芒果果干风味独特，颇受市场欢迎。

芒果

（1）营养价值

芒果果实椭圆滑润，果皮呈柠檬黄色，肉质细腻，气味香甜，可溶性固形物为14%～24.8%。芒果有“热带水果之王”的美称，营养价值高。芒果含有丰富的糖、维生素、蛋白质。芒果还含有丰富的类胡萝卜素，每100g芒果果肉中类胡萝卜素的含量高达2 281～6 304μg。芒果维生素C的含量超过了橘子、草莓等许多水果，每100g果肉中维生素C含量高达56.4～137.5mg，有的可高达189mg。芒果还含有人体必需的微量元素如硒、钙、磷、钾、铁等。

(2) 选购方法

看外形。不同品种和生产季节的芒果果形差异很大。有长的芒果、短的芒果、较圆的芒果、较扁的芒果，风味不尽相同，各有千秋。在挑选芒果时，应尽量选择具有该品种明显特征的芒果。一般说来，果形偏长的芒果，核较细扁，而果形短粗的芒果，核较粗大。

看果皮。成熟芒果应具体对应品种典型的颜色。多数芒果以皮色黄橙均匀、表皮光滑、果蒂周围无黑点、触摸时感觉坚实而有肉质感为佳。有些品种的芒果表皮上会有由于日晒产生的红晕，也是正常的。如果皮色青绿、表皮发涩，一般是没有成熟的芒果。如果表皮颜色深黄暗淡、表皮及果蒂周围有黑点，则为已熟透的芒果。

看果蒂。购买时可用手摁果蒂部位，如果感觉较硬实、富有弹性，为成熟的芒果；而果蒂部位过硬或过软都说明质量不佳。果蒂部位及周围果皮出现成片的黑斑、或出现不连续的黑点，则是过于成熟的芒果或是在运输贮藏过程中经受了冷害的芒果。

(3) 储存方法

一般情况下最好不要直接将芒果放入冰箱，最好给它加上一层保鲜膜，否则芒果果皮会容易变黑。

将芒果放在避光阴凉的地方，可以保存几天，不要放在容易接触阳光的地方，因为在阳光照射下，它会坏得更快。

拿个纸盒，将芒果放在纸盒里，放在家里的一个角落，一般这种情况下可以存放四五天。但也要注意透风，不要放置于潮湿的地方。如果有条件，最好能将芒果单独放置于一个纸箱盒内存放。

把每个芒果用纸包起来，是为了防止多个芒果挤于一处，不利于芒果个体之间的通风透气，使其过分堆挤还会造成损坏。纸包好后，放在阴凉

避光且通风处便可保存好几天。

可以在芒果的旁边放几包防腐剂，这样可以让防腐剂及时吸去芒果周围的水分，给它营造一个干燥的环境，这种保存方法可以保存好多天。

日常生活中，热带水果最好放在避光、阴凉的地方贮藏，如果一定要放入冰箱，应置于温度较高的蔬果槽中，保存的时间最好不要超过两天。热带水果从冰箱取出后，在正常温度下会加速变质，所以要尽早食用。

芒果的催熟小窍门

买回青的或未成熟的芒果后，将芒果和苹果一起装在塑料保鲜袋中，扎紧袋口，放在温度较高的室温下，放置2～3天。苹果释放的乙烯积聚到一定程度，就可将芒果催熟，芒果很快表皮变黄，果肉变得甜软多汁，并释放出芒果的果香气味。

3.枣

枣子

枣干

枣属于鼠李科枣属植物，原产于我国，已有3 000多年的栽培历史，和桃、李、梅、杏并称为“五果”。枣树生长于海拔1 700m以下的山区、丘陵或平原，花期5～7月，果期8～9月，具有抗逆性强、早果速丰、营养丰富、经济效益和生态效益显著等特点。我国是世界枣生产大国，枣树栽培面积和产量均占全世界的95%以上，在枣产品的国际贸易市场中占主导地位。

（1）主要种类

酸枣。又名棘、棘子、野枣、山枣、葛针等，原产中国华北，主产于河北、陕西、辽宁、河南等地。酸枣果树多为灌木，也有的为小乔木，叶小而密；果实小，多圆或椭圆形，果皮厚、光滑，呈红色或紫红色，果肉较薄、疏松，味酸甜。维生素C含量非常高，具有很好的营养价值。

金丝小枣。由酸枣演进而来，多分布于河北、山东等地。金丝小枣含糖量很高，一般为70% ～80%，掰开半干的小枣，可清晰地看到由果胶质和糖组成的缕缕金丝粘连于果肉之间，可拉长3～6cm不断，在阳光下闪闪发光，金丝小枣由此得名。金丝小枣果实多为椭圆形和鹅卵形，平均重5～7g，核小皮薄，果肉丰满、肉质细腻，果皮呈鲜红色，味甜而略具酸味。干枣果皮呈深红色，肉薄而坚韧，皱纹浅细，有利于储存和运输。

冬枣。又称雁来红、苹果枣、黄骅冬枣、庙上冬枣、沾化冬枣等，发源于山东省滨州市沾化区，多分布于河北、河南、山东、山西等地。冬枣是无刺枣树的一个晚熟鲜食优良品种，一般在10～11月自然成熟，而北方天气入寒较早，因此得名“冬枣”。冬枣平均单果重17.5g，最大单果重可达25g，果实呈矩圆形或椭圆形，成熟时果皮赭红光亮；皮薄肉脆，味道甘甜清香，可食率达95%。冬枣营养丰富，每100g维生素C含量为380～600mg，含有天门冬氨酸、苏氨酸、丝氨酸等19种人体所需的氨

基酸，总氨基酸含量为9.85mg/kg，还含有钾、钠、铁、铜等多种微量元素，营养价值为百果之冠，因此具有有“百果王”之称。

稷山板枣。产区主要在山西稷峰镇。平均单果重10.2g，最大单果可达16.7g，果实为扁圆形，略呈上宽下窄状，成熟后果皮为黑红色或者紫褐色，味道甘美，鲜枣含糖量约为35%，干制品含糖量可达74%，总维生素含量约为9.72g/kg，富含维生素C和维生素P，可食率达95%以上。板枣含糖量高，与金丝小枣一样可以拉出金黄的亮丝，传说板枣源于山东，过去有个叫段成已的稷山人在山东当县令，他见当地的金丝小枣很好吃，便将枣树用马车运回了故乡，由于稷山水土气候的缘故，逐渐形成了板枣。

新疆和田枣。原产地是山西太谷，后移植到新疆和田。和田具有无污染碱性沙化土壤，利于储存糖分。还有长达10小时的充足日照和20℃昼夜温差、富含矿物质元素的冰山雪水等气候和地理优势，与其他红枣相比，新疆和田枣果形大、颗粒饱满、果肉厚实、皮薄核小，口味甜醇，营养丰富，富含维生素B_1、维生素B_2，维生素C含量约为2.15g/kg，是苹果的几十倍（约为40～80g/kg），含有18种人体必需的氨基酸及铁、锌、钙等矿物质。

(2) 营养价值

枣果实中有十几种人体必需的氨基酸及铁、锌、钙等矿物质，还有丰富的维生素，维生素C平均含量约为87mg/kg，其中酸枣的维生素C含量可高达9g/kg，是猕猴桃的十几倍（约为620mg/kg）、柠檬的40多倍（约为220mg/kg）酸枣属于维生素C含量最高的水果之一。维生素C具有防治坏血酸的功能，所以又叫抗坏血酸，是一种水溶性的维生素。100g枣中黄酮类化合物的总量为300～700mg，主要包括芦丁、当药黄素、花青素等，这些黄酮类化合物具有清除自由基、延缓衰老、预防心脑血管疾病、降血压、降血脂、降血糖等广泛的生理活性。红枣成熟果肉中环磷酸腺苷含量可达300～500nmol/g，这在植物中属于含量较高，环磷酸腺苷是核苷酸的衍生物，具有增强免疫力、改善肝功能、治疗冠心病与心肌梗塞等生理活性。枣的含糖量很高，为20%左右，最高可达40%以上，因此除供鲜食外，枣常作为食品工业原料，可以制成蜜枣、干枣、黑枣、酒枣、牙枣等蜜饯和果脯，还可以作枣泥、枣酒、枣醋等。

(3) 选购方法

看外形。好的枣多为圆形或椭圆形，大小均匀，果皮完整，没有褶皱、虫眼、损伤。

看颜色。好的枣为褐红色或者红绿相间，果皮光滑，有自然光泽。如果整体颜色青涩，说明还未成熟。

看质地。好的枣捏起来厚实坚硬，如果手捏后枣表面有凹陷，说明其含水量较少或者存放时间过久，这样的枣口感和营养会较差。

尝味道。鲜枣酸甜可口，口感清脆，如果常起来干涩无味，则枣的质量较差。

(4) 储存方法

鲜枣购买回来之后要进行挑选，将表面有碰伤，或者长黑斑生虫的坏枣挑出来，避免在储存期间，含有霉菌的坏枣感染到其他的鲜枣。

家庭保存鲜枣的方法一般使用冰箱，在买回来的鲜枣中，将新鲜完好且果皮不是全红的挑出来，用塑料袋密封，袋内留少量空气，封好口后，再放到温度为0～4℃的冰箱中冷藏。装塑料袋时，最好用小袋分装，每次开一小袋吃，就能将鲜枣保存得更久一点。

如果不用冰箱保存，也可以将鲜枣放入保鲜袋或者保鲜盒中，再放到阴凉通风的地方保存，这样就可以保持鲜枣的新鲜度了。

4.杨梅

杨梅

杨梅为杨梅科杨梅属，又名龙睛、朱红，因其形似水杨子、味道似梅子，因而称为杨梅。杨梅是我国特产水果之一，素有“初疑一颗值千金”之美誉，在吴越一带，又有杨梅赛荔枝之说。杨梅原产中国浙江余姚，1973年余姚境内发掘新石器时代的河姆渡遗址时发现杨梅属的花粉，说明在7000多年以前该地区就有杨梅生长。在江浙一带盛产杨梅，余姚和慈溪是知名的杨梅之乡，有千年的古杨梅树。产于温州市瓯海区茶山街道的“丁岙梅”为中国优良品种，是温州杨梅的代表，味酸、甜，性温，核细、汁多、甜如冰糖，已经有几百年种植历史。产于台州市仙居县的“仙梅”为中国特色品种，行内已形成“世界杨梅在中国，中国杨梅出浙江，浙江杨梅数仙居”的说法。仙居杨梅色美、味甜、个大如乒乓球、核小，而且成熟期早，一般在6月初就可成熟上市。产于汕头市潮阳区西胪镇的西胪乌酥杨梅为中国优稀品种，是潮阳杨梅的代表。

杨梅为核果类果实，果实由无数多汁小突起组成，无外果皮保护，果肉柔软多汁。杨梅果实色泽鲜艳，汁液多，甜酸适口，营养价值高，深受消费者欢迎。在成熟过程中，杨梅先是呈淡红，随后变成深红，最后几乎变成紫黑色。在咬开杨梅时，可以看见新鲜红嫩的果肉，同时，嘴唇上舌头上也都染满了鲜红的汁水。杨梅果味酸甜适中，既可鲜食，又可加工成杨梅干、蜜饯等，还可酿酒。

（1）主要种类

我国栽培的杨梅品种较多，乌酥梅特别适于贮运保鲜，其鲜果可远销北方各大城市及东南亚各地。杨梅果实成熟度的高低，常以色泽判断，果实适宜采收的成熟度因品种不同而有差异，乌梅品种群如荸荠种、丁岙梅，成熟时果实呈紫红色或紫黑色；红杨梅品种群果实成熟时肉柱充分肥大、光亮，呈深红或微紫色；白杨梅品种成熟时肉柱上叶绿素完全消失，呈白色水晶状或略带粉红色。

（2）营养价值

优质杨梅果肉的含糖量为12%～13%，含酸量为0.5%～1.1%，富含纤维素、矿质元素、维生素和一定量的蛋白质、脂肪、果胶及8种对人体有益的氨基酸，其果实中钙、磷、铁含量要高出其他水果10倍多。

（3）选购方法

看颜色。应尽量避免选购过于黑红的杨梅或盛器有很深的红色水印的杨梅。

看外形。应挑选果面干燥、个大浑圆，果实饱满、圆刺、核小，汁多、味甜者为好。

摸软硬。肉质过硬者为过生，吃起来酸涩，口感不佳。

（4）储存方法

由于杨梅成熟时正是南方温湿度大的梅雨季节，极易落果和腐烂。杨梅的呼吸作用旺盛，成熟衰老快，易受病原菌的感染，造成腐烂变质。又因杨梅无坚韧的果皮包裹，也容易导致腐烂。采后若不加任何保鲜处理，

在常温下仅能存放2～3天。即使在低温下杨梅能够保鲜的时间也非常短，如在10～12℃，仅可贮5～7天，在0～2℃，仅能贮藏9～12天而已。由于杨梅的成熟期不一致，要分期分批采收，早熟早采，晚熟可迟采。但对于远销流通的杨梅应早采。采摘时连柄采下，可以减少损伤，延长保存期。采收后的杨梅果实应迅速预冷到0℃。杨梅的适宜的保存温度为0～0.5℃、相对湿度为85%～90%。

杨梅果肉柔软，不宜重压。现在多将预冷后的杨梅装在透明塑料盒中，每盒1kg。再将两盒或四盒塑料盒装到大的塑料泡沫保温箱中，加上冰袋，盖上箱盖，密封，通过空运或冷链运输至销售地点。

但是在运输过程中，由于颠簸和振动，杨梅相互之间还是有挤压损伤。消费者买回杨梅后，应及时打开塑料泡沫箱，将透明塑料盒里的杨梅汁液除去，拣出受到损伤的杨梅。将完整的杨梅重新装盒放置于冰箱中保鲜，并尽快食用。也可将杨梅清洗后放到冰箱冷冻室中速冻保藏，可保存6～8个月。速冻杨梅拿出化冻后要尽快食用，否则会彻底软烂。

5.李子

黑布林李子

秋姬李子

李子是蔷薇科李属植物，别名嘉庆子、布林、玉皇李、山李子。其果实7～8月间成熟，饱满圆润，玲珑剔透，形态美艳，口味甘甜，是人们最喜欢的水果之一，在世界各地广泛栽培。俗话说“桃养人，杏伤人，李子树下抬死人”，虽然这种说法不太准确，但是未熟透的李子不要吃，因为没熟的李子里含有一种氢氰酸，有些人吃了会引起口腔溃疡、肚子痛、拉肚子等不良反应。

（1）营养价值

李子味酸，能促进胃酸和胃消化酶的分泌，并能促进胃肠蠕动，因而有改善食欲，促进消化的作用。每100g李子的可食部分中，糖8.8g，蛋白质0.7g，脂肪0.25g，维生素A 100～360μg，烟酸0.3mg，钙6mg以上，磷12mg，铁0.3mg，钾130mg，维生素C2～7mg，还含有其他矿物质、多种氨基酸、天门冬素以及纤维素等。

（2）选购方法

看外形。首先看李子的形状和颜色，选择表面光滑、色泽均匀的李子。奇形怪状的、表面粗糙严重的不能要。

尝味道。可以找个比较好的李子，咬一小口品尝一下，如果有强烈苦涩的味道，不要选购。如果咬一口感到味道较好，就是不错的李子。

用手摸。可以用手轻轻摸一摸李子，如果果肉结实、软硬适中，就是比较好的李子。如果感觉很硬，就是生李子。捏起来很软，是成熟度太高，也不宜购买。

（3）储存方法

如果李子不多，可以直接放冰箱保鲜层存放，记得不要洗哦。最好并

排放在一起，减少磕碰，因为有过磕碰的李子就保存不了多久了。

如果李子较多，可以放在纸盒里。在纸盒里放一块塑料膜，把李子一个个码放进去，隔几层可以放点软纸壳，再把塑料膜盖上，最后用牙签扎一些小洞，不然会捂烂。放在阴凉处，这样差不多可以存放半个月。或者可以做成果汁、果酱等，这样保质期可以大大延长。

李子清洗小窍门

在盆中倒入足量的清水，加入3～4汤匙的淀粉，搅拌均匀。将李子放入，随意搅动1～2分钟，再将李子清洗干净。这样洗出来的李子既干净又卫生，而且表面没有白色的东西。

6.橄榄

橄榄为橄榄科橄榄属，是著名的亚热带特产果树，品种资源极为丰富，其中栽培较广的有：檀香、惠圆、公本、猎腰榄、茶窖榄、青心。橄榄栽培历史悠久，根据汉代《三辅黄图》书中记载，中国栽培橄榄在汉朝就很普遍，至今最少有2000多年的历史。中国福建、台湾、广东、广西、云南等地区均有栽培，以福建省栽培地区最多，四川、浙

橄榄

江、台湾等部分地区也有栽培。

橄榄的适宜贮藏条件为温度5～10℃，相对湿度85%～90%。橄榄在温度大于10℃时会很快成熟衰老，失水萎蔫皱缩。在贮运过程中，橄榄既怕干燥又怕高温高湿；在低于5℃时会有冷害产生。橄榄敏感部位为种子周围及蒂端，果肉变褐且成熟度越高时，冷害越严重。

橄榄采后要用内垫麻布和竹叶的木桶或竹篓包装，装满后盖上竹叶、麻布最后盖上篓盖扎牢。在陶瓷缸底部铺青竹叶或鲜榄叶，装入橄榄果，装满时在果子上盖青竹叶，然后盖上盖。每7天检查一次，剔除烂果，好果继续贮藏，这样可以贮藏30～40天。

（1）营养价值

橄榄营养丰富，有“冬春橄榄赛人参”之誉。果肉含有丰富的蛋白质、碳水化合物、脂肪、维生素C以及钙、磷、铁等矿物质，含钙量也很高。果肉中还具有一些三萜类化合物和黄酮类化合物等生物活性物质，具有抗癌、抑制肿瘤、预防心血管疾病的作用，能够抗氧化、延缓衰老。

（2）选购方法

市售色泽特别青绿的橄榄果如果没有一点黄色，说明经过矾水浸泡，为的是好看，最好不要食用或吃时务必要漂洗干净。色泽变黄且有黑点的橄榄说明已不新鲜。

（3）储存方法

使可饮用的水洗净橄榄果，然后将它们泡在10%的盐水里，这样可以去除苦味，并可放置6个月。一般只要当苦味达到可接受的程度，就可将橄榄果从浸泡的盐水里拿出来。

将橄榄果放塑料袋里，扎紧袋口放冰箱保鲜或者放在阴凉处，或者放陶瓷罐或陶的容器里，盖上盖子在阴凉处保存也很好。

7.荔枝

荔枝

荔枝为无患子科荔枝属。我国荔枝以广东栽培的最多，福建和广西次之，四川、云南、贵州及台湾等省也有少量栽培。荔枝主要栽培品种有三月红、圆枝、黑叶、淮枝、桂味、糯米糍、元红、兰竹、陈紫、挂绿、水晶球、妃子笑、白糖罂等。其中桂味、糯米糍是上佳的品种，亦是鲜食之选，挂绿更是珍贵难求的品种。“萝岗桂味”“毕村糯米糍”及“增城挂绿”有“荔枝三杰”之称。荔枝风味独特，深受消费者喜爱。北宋大文豪苏轼在贬谪岭南时发出“日啖荔枝三百颗，不辞长作岭南人”的感叹。后世还有诸多诗作赞美荔枝的美味。

最早关于荔枝的文献是西汉司马相如的《上林赋》，文中写作“离支”，有割去枝丫之意。《本草纲目 · 果三 · 荔枝》〔释名〕：“按白居易云：若离本枝，一日色变，三日味变。则离支之名，又或取此义也。”大约东汉开始，“离支”写成“荔枝”。荔枝常见于文学作品之中，晚唐诗人杜牧的《过华清宫三首 · 其一》写道：“长安回望绣成堆，山顶千门次第开。一骑红尘妃子笑，无人知是荔枝来。”意在讽刺玄宗宠妃之事，不能一一求诸史实。在古代，荔枝极难保藏和运输，但是在现代，由于低温冷藏技术的发展，北方消费者能够很容易吃到新鲜荔枝。

（1）营养价值

荔枝营养丰富，含有大量葡萄糖、蔗糖、蛋白质、脂肪以及维生素A、B族维生素、维生素C等，并含叶酸、精氨酸、色氨酸等各种营养素，对人体健康十分有益。

（2）选购方法

挑选荔枝

看颜色。新鲜的荔枝并不是完全鲜艳的红色，而是有些暗红色，许多表皮上还会带有些许的绿色，或在表皮凹纹中呈黄绿色，形似金线。

看外形。如果荔枝头部比较尖，而且表皮上的“钉”密集程度比较高，说明荔枝还不够成熟，反之就是一颗成熟的荔枝。如果荔枝外壳的龟裂片平坦、缝合线明显，味道一定会很甘甜。

用手摸。用手触摸外壳，轻轻地按捏一下，一般而言，新鲜的荔枝的手感应该紧硬而且有弹性，稍微有些软但又不失弹性的，是相对而言比较成熟一些的，如果又软又没有弹性，那说明该荔枝已经熟透了，或者是软烂了。

闻气味。凑到鼻尖闻一闻，新鲜的荔枝一般都有一种清香的味道，如果有酒味或是酸味等异常的味道，说明已经不是新鲜的荔枝了。

看果肉。一般买卖这类水果，都会打开样品查看或者试味，剥开外壳之后，如果果肉是晶莹剔透的，那么就比较新鲜，如果果肉带有点红色或褐色，就表明变味了。试尝一下，新鲜的荔枝吃到嘴里，果肉富有弹性，果汁清香诱人，酸甜可口。

(3) 储存方法

可以放在冰箱冷冻保存。常温下荔枝保鲜不超过1周，低温保鲜期可以延长到1个月左右。不要保存在低于2℃以下的环境中，否则会变黑。

把过长的荔枝枝梗剪掉，然后将荔枝装进塑料袋内，并扎紧袋口，放置在阴凉处。若有条件，可将装荔枝的塑料袋浸入水中。这样，荔枝经过几天后其色、香、味仍保持不变。应注意的是，选购荔枝时应挑选新鲜的，以利于较长时间保存。

8.龙眼

龙眼

龙眼为无患子科龙眼属，又称桂圆、亚荔枝。龙眼因其种圆黑有光泽，种脐突起呈白色，似传说中“龙”的眼睛，所以得名。龙眼栽培历史可追溯到2 000多年前的汉代。北魏（386—534年）贾思勰《齐民要术》云：“龙眼一名益智，一名比目。”因其成熟于桂树飘香时节，俗称桂圆，古时列为重要贡品。魏文帝（535—551年）曾诏群臣：“南方果之珍异者，有龙眼、荔枝，令岁贡焉。”

(1) 主要种类

龙眼原产我国南方，我国福建、台湾、广东、广西、四川、贵州、云南等地均有分布。其中福建产量占全国总产量的50%。最受赞誉的首推

“东壁”龙眼，1993年荣获中国农业博览会金奖。“东壁”龙眼品质优良。其果皮有淡黄色的虎斑纹，又称为“花壳”，是有别于其他龙眼品种的最显著区别。“东壁”龙眼又称“糖瓜蜜”，果肉呈淡白色，透明如凝脂，厚而嫩脆，甘甜清香，具有“放在纸上不沾湿，掸落地下不沾沙”的特点，堪称果中珍品。

(2) 营养价值

每100g龙眼果肉中含全糖12%～23%、葡萄糖26.91%、酒石酸1.26%、蛋白质1.41%、脂肪0.45%、维生素C163.7mg、维生素K196.6mg，还有维生素B_1、维生素B_2、维生素P等，经过处理制成果干，每100g含糖分74.6g，铁35mg，钙2mg，磷110mg，钾1200mg等多种矿物质，还有多种氨基酸、皂素、X−甘氨酸、鞣质、胆碱等，这是其强大滋补能力的来源。

(3) 选购方法

鲜龙眼要求新鲜，成熟适度，果大肉厚，皮薄核小，味香多汁，果壳完整，色泽不减。鉴别成熟度的方法如下。

看颜色。果壳黄褐，略带青色，为成熟适度；若果壳大部分呈青色，则成熟度不够。

用手摸。以3个手指捏果，若果壳坚硬，则为生果；如柔软而有弹性，是成熟的特征；软而无弹性，则成熟过度，并即将变质。

看果核。剥去果壳，若肉质莹白，容易离核，果核乌黑，说明成熟适度；果肉不易剥离，果核带红色，表明果实偏生，风味较淡。

(4) 储存方法

龙眼比较适合在4～6℃的环境下冷藏保存，像动物冬眠一样，在这个温度下，龙眼有生命可以呼吸，却消耗很少的能量。不能放在密封塑料袋中保存，而要用网状的保鲜袋，以利于它的呼吸。如果家中没有网状塑料袋，可将保鲜袋打几个洞。用这种方法，新鲜龙眼可以保存15天左右。如果依靠专业的冷冻方法，可以让龙眼保存3个月左右，不过口感会稍差一点。

可以把新鲜的龙眼拿去晒干，保存起来。晒干的龙眼保存时间比较长，而且也会别有一番风味，应放在箱子里，用塑料盖起来，然后放在阴凉处，要经常查看，预防发霉、虫蛀等。

9.桃

毛桃 油桃

黄桃 蟠桃

中国是桃树的故乡。公元前10世纪左右，《诗经·魏风》中就有“园有桃，其实之淆”的句子。公元前2世纪之后，桃沿“丝绸之路”从甘肃、新疆经由中亚向西传播到波斯，再从那里引种到希腊、罗马、地中海的沿岸各国，之后渐次传入法国、德国、西班牙、葡萄牙。但直至公元9世纪，欧洲种植桃树才逐渐多起来。

桃为蔷薇科桃属植物，按果皮有无茸毛分为毛桃、油桃；按果肉颜色分为白桃、黄桃和红桃；按用途分为食用桃和观赏桃。常见食用的品种有油桃、毛桃、蟠桃、水蜜桃和黄桃等。

（1）主要种类

北方桃品种群。果实顶端尖而突起，缝合线较深，树形较直，中、短果枝比例较大。耐旱抗寒，从5～12月陆续采收。主要分布于华北、西北和华中一带。该群体按肉质又分硬肉桃和蜜桃。硬肉桃在硬熟时果肉脆硬，在完全成熟时肉质变软或发绵，汁液较少。蜜桃在硬熟时肉质致密，耐贮运，经过后熟则肉柔多汁，如“肥城佛桃”“深州蜜桃”等。

南方桃品种群。桃果实顶端圆钝，果肉柔软多汁。抗旱及耐寒力较北方品种群稍弱。主要分布于华东、西南和华南等地。本群分为硬肉桃和水蜜桃两类。硬肉桃果顶稍突，果肉脆硬致密，汁液较少，如“陆林桃”“小暑桃”“象牙白”“二早桃”等。水蜜桃包括大部分的日本品种，果顶平圆，缝合线浅，果肉柔软多汁，皮可剥离，不耐贮运，如“玉露”“白花”“上海水蜜”“白凤”“冈山白”等。

黄桃品种群。果皮和果肉均为金黄色，肉质较紧密强韧，适于加工和制罐头。中国西北、西南地区栽培较多，华北和华东较少。如“灵武黄甘桃”“醴泉黄甘桃”“叶城粘核黄桃”“呈贡黄离核”“火炼金丹”等。欧洲系品种黄桃有“菲利浦”“塔斯康”“凯旋”等，它们的祖先也

起源于中国。

蟠桃品种群。果实扁平形，两端凹入，树冠开展，枝条短密，花多，丰产。江苏和浙江栽培最多，华北和西北较少。果肉柔嫩多汁，皮易剥，品质佳。

油桃品种群。果实外面无毛。产于西北各省区，尤以新疆、甘肃栽植较多。果形较小，核大肉少、果肉脆硬，汁少、味酸。美国有油桃的改良品种。

(2) 营养价值

桃子素有“寿桃”和“仙桃”的美称，因其肉质鲜美，又被称为“天下第一果”。桃富含蛋白质、脂肪、碳水化合物、粗纤维、钙、磷、铁、胡萝卜素、维生素B_1、维生素C以及有机酸（主要是苹果酸和柠檬酸）、糖分（主要是葡萄糖、果糖、蔗糖、木糖）等。每100g鲜桃中所含水分占比88%，蛋白质约有0.7g，碳水化合物11g，热量只有180千焦。桃果实多汁，可以生食或制桃脯、罐头等。

(3) 选购方法

看果形。以果个大，形状端正，色泽鲜艳者为佳。

看果肉。果肉白净，粗纤维少，肉质柔软并与果核粘连，皮薄易剥离者为优。反之，果肉色泽灰暗，粗纤维多，果肉硬，果核易剥离者为次。

闻气味。现在的桃子要有桃子味，没有桃子味的那种是化肥催的，桃子气味香甜、味正属于好桃子。

(4) 储存方法

桃采收时正值高温季节，在贮运过程中易受机械伤，在常温下2天就会腐烂。不同品种的桃耐藏性差异很大，硬肉桃中的晚熟品种较耐贮藏，如中华寿桃、陕西冬桃，山东的青州蜜桃、肥城桃等。

一般桃的保鲜温度为0℃，相对湿度90%～95%。买回的桃可用塑料保鲜袋包装，在冰箱中保鲜。但是不要放置太长时间，因为桃是冷敏性水果，在低温下长期贮藏易产生冷害，果肉褐变，特别是桃移到高温环境中后熟时，果肉会变干、发绵、变软，果核周围的果肉明显褐变，冷害严重时，桃的果皮色泽暗淡无光。

10.樱桃

那翁樱桃

红灯樱桃

樱桃是蔷薇科樱属，外表色泽鲜艳、晶莹美丽、红如玛瑙，黄如凝脂。樱桃原产于美洲西印度群岛加勒比海地区，因此又叫西印度樱桃。樱桃适合在雨量充沛、日照充足、温度适宜的热带及亚热带地区生长。世界上樱桃主要分布在美国、加拿大、智利、澳洲、欧洲等地。樱桃深受消费者的喜爱，是商品价值比较高的一种时令水果。在世界范围内，樱桃的栽培、流通与进出口贸易都得到了极大的发展。樱桃是一年中上市最早的乔木果实之一，号称“百果第一枝”，在春节前后即可吃到新鲜的樱桃。

中国樱桃栽培始于19世纪70年代，是由当时的传教士和侨民等带进中国的。据《满洲之果树》记载，1871年美国传教士J．L．Nevius带进了首批10个品种的甜樱桃苗木、酸樱桃和杂种樱桃苗木品种种植于山东烟台东南山。目前，中国几乎各地都有樱桃种植园，大规模生产主要集中在山东、辽宁、北京、河南、陕西和四川等地。

（1）主要种类

目前，主栽的樱桃品种主要有：红灯、早大果、美早、萨米脱、先锋、拉宾斯、意大利早红、艳阳、宾库、甜心、雷吉纳、晚红珠、雷尼、那翁等。

红灯。是主要的早熟品种，果实大，果形为肾脏形，果柄粗短，果皮红色或紫红色，有光泽，外观美，平均单果重9.6g。果肉较硬，果汁较多，呈淡黄色，酸甜适口，品质上等，较耐贮运。5月底至6月上旬成熟，是目前发展面积较大的优良品种之一。

拉宾斯。是由加拿大杂交育成的自花结实品种，果个大，近圆形或卵圆形；果皮厚，成熟时为紫红色，有光泽，外观美；果肉略带浅红，果肉厚，硬脆，多汁，酸甜可口，风味好，早实性好，平均单果重8～9g，可以放保鲜库，最大特点是自花结实，可作为授粉品种栽植。在加拿大是公认的优良大樱桃品种。

先锋。从加拿大引进，果个大，果实心脏形，紫红色，果肉玫瑰红色，肉质脆硬，汁多，品质佳。可以放保鲜库，平均单果重8.5g，个大者可达10.5g。花粉多，是一个极好的授粉品种，6月中下旬成熟，较抗裂果，丰产性极好，是一个值得推广的品种。

那翁。果实心脏形，果梗长，果皮乳黄色，汁多，酸甜可口，也可作为授粉树，平均果重6.5g，单果9g。

意大利早红。原名莫利，是我国从意大利引进的法国品种，具有早熟、果大、色艳、质优等特点，是一综合性状优良的早熟大樱桃新品种。在山东烟台地区种植，果实5月下旬成熟，果实呈肾脏形，单果重8.6g，成熟期较整齐。果皮鲜红色，完熟时淡紫红色，有光泽；果肉较硬，粉红色，肥厚多汁，风味酸甜可口，品质上，离核，不裂果。

（2）营养价值

樱桃中铁的含量较高，每100g樱桃中含铁量多达59mg，居于水果首位。樱桃中类胡萝卜素含量比葡萄、苹果、橘子多4～5倍。此外，樱桃中还含有维生素B、维生素C及钙、磷等矿物元素。

（3）选购方法

樱桃要选大颗、颜色深且有光泽、果实饱满、外表干燥、樱桃梗保持青绿色的。避免买到碰伤、裂开和枯萎的樱桃。一般的加州樱桃品种颜色较鲜红，吃起来口感比较酸，比较好吃的则是暗枣红色的樱桃。

（4）储存方法

樱桃不易保存，最好用保鲜袋装盛，放在冰箱冷藏室内，大概可以保存4天，切忌将洗完的樱桃再放入冰箱，否则很容易坏掉。若将樱桃洗干净后，可放置在餐巾纸上吸收残余水分，干燥后装入保鲜盒或塑胶袋中，再放入冰箱保存。

11.牛油果

牛油果又称鳄梨、油梨、奶油果，主要产地是墨西哥、美国、智利、

牛油果

秘鲁和新西兰，在国内的海南、台湾、广东、广西、福建等地也有种植。牛油果的品质主要分为墨西哥系、危地马拉系和西印度系三大种群。树高10～15m，树冠开展，分枝多而密，茎枝粗壮，多节瘤，常有弯曲现象；叶长，呈圆形；花萼裂片披针形，外面被毛，花有香甜味。花期6月，果期10月。种子呈卵圆形，黄褐色。果肉呈黄色或黄绿色，果实呈球形，直径5cm左右。牛油果因为外形像梨，外皮粗糙又像鳄鱼头，因此被称为“鳄梨”。因果肉颜色多呈黄色，而且像黄油的质地，又被称为“森林奶油”。

（1）主要种类

哈斯。是墨西哥系与危地马拉系的杂交品种，大多来自墨西哥、澳大利亚和智利，这个品种适合不同气候生长，一年四季都可以买到。果皮在成熟时会从绿色变为紫黑色,呈椭圆形，而且外皮较厚而粗糙，果肉是淡黄色，吃起来像奶油般，切开后能看到浑圆形的果实。

培根。每年晚秋至春天有供应。果实呈卵形，果皮青绿且较薄，果肉为黄绿色。果核适中至偏大。成熟时果皮仍未青绿色，可能稍有变深。

平克顿。每年初冬到春天有供应。果实呈瘦长梨形，偏大，易剥皮，果皮呈绿色，厚度适中，略有纹路，果肉细腻，呈浅绿色。成熟时，果皮的绿色变深。

(2) 营养价值

牛油果含多种维生素、多种矿质元素（钾、钙、铁、镁、磷、钠、锌、铜、锰、硒等），牛油果中含有20%脂肪，是香蕉的20～200倍，苹果的40～400倍，其中不饱和脂肪酸含量为80%，不含胆固醇，属于高能低糖水果。一个牛油果中含有约57μg的叶酸，是人体每日所需叶酸摄入量的30%，叶酸具有促进胎儿神经系统发育的作用。牛油果中富含的叶黄素和多酚物质具有抗氧化的生理活性；含有的辅酶Q10，具有抗氧化、抗衰老和预防动脉粥样硬化的生理活性。牛油果的口感细腻油滑，被评价为“大自然中的蛋黄酱”。

(3) 选购方法

看颜色。有些消费者喜欢选择鲜绿色的牛油果食用，认为这样看起来新鲜，其实大多数品种的牛油果呈深色时，口感才更好，因为这样的牛油果是成熟的，味道最佳。牛油果的“油”是牛油果的精髓，这个含油量必须在牛油果成熟的时候才能达到，这时才有丰富浓郁的清香，和丝般顺滑的口感。达到这个口感的牛油果肯定是接近黑色的，而不是鲜绿的。

用手摸。最佳食用期的牛油果开始微微变软，手轻捏有微软的感觉，便可以开始食用了。如果按起来很硬，一点都捏不动，那就说明还未成熟，可以买，但需要放置几天再吃。

看果肉。用刀切开，没有黑斑，果肉是嫩嫩的黄绿色为准。

(4) 储存方法

牛油果生的时候表皮为鲜绿色，放置可逐渐变熟，表皮逐渐变黑，完全成熟时果的表皮变成墨黑色，并捏着有些软，这时候食用口味最佳。未

成熟的牛油果不要切开或食用，没熟是没法吃的。

牛油果的保存时间长短根据果的成熟状态和存放的环境条件而定，具体可根据生熟的标准去判断。注意别放太久，容易坏掉。

成熟度不高的牛油果在室温下放置，3～5天后自然成熟，生的牛油果则可放置5～7天。

冷藏温度4～8℃最佳，不能低于4℃以免冻伤。根据成熟度不同，冷藏时间一般为5～10天。

切开后的牛油果果肉暴露在空气中容易褐变。如果一次只用半个，请务必将有核的那半个保留，不要去核，洒上柠檬汁，再用保鲜膜包好，放入冰箱即可。

12.杏

杏为蔷薇科杏属，据考证，杏树原产于中国新疆，是中国最古老的栽培果树之一。世界各地均有杏的栽培，尤其是中亚、西亚地区的土耳其、伊朗、伊拉克等国家种植较多。杏在中国各地均有栽培，尤以华北、西北和华东地区种植较多。在新疆伊犁一带发现野生杏成纯林或与新疆野苹果林混生，海拔可达3 000米。杏在不同地域，形成了特色鲜明的地方品种。杏的成熟期在每年的6～7月，一般7月份就可以在市面上见到杏子的身影了，也有6月份就上市的早熟杏。

杏

（1）主要种类

中国杏的主要栽培品种，按用途可分为以下三类。

食用杏类。果实大形，肥厚多汁，甜酸适度，着色鲜艳，主要供生食，也可加工用。在华北、西北各地的栽培品种有200个以上。按果皮、果肉色泽可分为三类：果皮黄白色的品种，如新疆小白杏、北京水晶杏、河北大香白杏；果皮黄色者，如甘肃金妈妈杏、兰州大接杏、山东历城大峪杏和青岛少山红杏等；果皮近红色的品种，如串枝红杏、河北关老爷脸杏、山西永济红梅杏和清徐沙金红杏等。这些都是优良的食用品种。

仁用杏类。果实较小，果肉薄。种仁肥大，味甜或苦，主要采用杏仁，供食用及药用，但有些品种的果肉也可干制。甜仁的优良品种，如河北的白玉扁、龙王扁、北山大扁队西的迟梆子、克拉拉等。苦仁的优良品种，如河北的西山大扁、冀东小扁等。

加工用杏类。果肉厚，糖分多，便于干制。有些甜仁品种，可肉、仁兼用。例如新疆的阿克西米西、克孜尔苦曼提、克孜尔达拉斯等，都是鲜食、制干和取仁的优良品种。

（2）营养价值

杏含有蛋白质、脂肪、糖类、钙、磷、铁，又含胡萝卜素（在体内可转化成维生素A）、维生素B_1、维生素B_2和丰富的维生素C，还含有柠檬酸、苹果酸、番茄红素、黄酮类等营养物质。

（3）选购方法

看颜色。金黄色的杏子，是最为成熟的杏。这样的杏最甜。不要选半黄半绿色的，那样的杏子会酸或者苦。

看外形。表皮一定要那种饱满的，时间长的杏子，表皮上会发皱，不

新鲜。杏容易生虫子，所以在挑选的时候一定要注意看。周身都要检查一遍，看看有没有虫子眼，有虫子眼的就不要挑了。

看果柄。果柄的位置可以看出果子新不新鲜。新摘下来的杏子，柄的位置是连着的，而且比较饱含水分。而时间长的杏子，果柄位置会发皱，一看就能看出来时间长了。

（4）储存方法

杏成熟于夏季高温季节，杏果在采后极易出现褐变及软化现象。另外，环境中二氧化碳的浓度过高，也会导致杏果出现胶状生理败坏。杏果应在果皮底色开始转黄、略具有香味，约八成熟时采收，才能进行商业流通和销售。杏是极不耐贮藏的水果，在商业上很少长期大量贮藏，一般只做短期的贮藏和运输。采收后的杏果要立即进行预冷，使温度尽快降至0℃，然后进行贮藏，贮藏在温度为−0.5～0℃，相对湿度为90%～95%的冷库中，贮藏时间为1～3周。

耐贮运的杏果一般多为大果、晚熟品种，这类杏果肉有弹性、坚韧且皮厚，不易软烂，如串枝红杏、鸡蛋杏；山东的拳杏、崂山红杏以及兰州大接杏、甘肃金妈妈杏等。

杏的皮儿特薄，要轻拿轻放。买回来的杏可用塑料薄膜袋包装后，放在冰箱中保鲜，或直接放入冰箱冷藏。若把一些椿树的叶子铺到纸箱里，再把杏放进去，上面再盖些，杏就会成熟得快些。

13.梅

梅为蔷薇科杏属，别称青梅。我国栽培果梅已有3 000多年的历史，种质资源丰富，共计205个品种。分布地域范围较广，在广东、台湾、广西、福建发展较快，浙江、云南、江苏、安徽等省市也在大面积栽培。青梅性味甘平、果大、皮薄、有光泽、肉厚、核小、汁多、酸度高、富含人体所需的多种氨基酸，具有酸中带甜的香味。

青梅

梅的柠檬酸含量极高，占青梅有机酸含量的85%以上。梅含酸量太高，食用太多容易损伤牙齿、伤害脾胃。因此，梅果实很少直接鲜食，主要用于食品加工，可制作成梅干、话梅、糖青梅、清口梅、梅汁、梅酱、梅干、绿梅丝、梅醋、梅酒等。梅的加工品便于贮藏和运输，宜在偏远地区种植加工，是老、少、边、贫地区脱贫致富的产业之一。

(1) 营养价值

梅果营养丰富，含有多种糖、氨基酸、有机酸、维生素，有丰富的钙、镁、钾、钠、磷、铁、锰、铜、锌等矿物质，能为人体提供多样的营养物质与保健功能。

(2) 选购方法

梅的上市时期是4月底到5月初，采摘时间只有10天左右，在这个时期内购买的梅是最新鲜的。应选择表面平整无伤，软硬适中的果实。

(3) 储存方法

可以放入冰箱冷藏，能保存一周左右的时间。

（五）仁果类

1.罗汉果

罗汉果

罗汉果，为葫芦科多年生藤本植物的果实。别名拉汗果、假苦瓜、光果木鳖、金不换、罗汉表等，被人们誉为“神仙果”。相传天降虫灾，神农尝百草以寻良方，如来佛祖怜悯神农之苦，特派十九罗汉下凡，以解神农氏之难。其中，有一罗汉发愿，要灭尽人间虫灾，方回天界。发愿完毕，随化身为果，蕴意罗汉所修之果，后世简称罗汉果，这也是人们通常只晓得十八罗汉的原因。

罗汉果主要分布于我国广西、广东、江西等地。罗汉果有青皮果、拉江果、长滩果等种类。其中，青皮果结果早、丰产性好，是广泛种植生产的类型，栽培面积占90%以上，无论山区或平原都可以栽培，但是青皮果品质中等。拉江果果实呈椭圆形、长圆形或梨形，具有适应性广，适于山区或丘陵地区种植，品质好。长滩果也是目前罗汉果栽培品种中品质最好的品种之一，果实为长椭圆形或卵状椭圆形，果皮细嫩，有稀柔毛，果顶端略凹陷，果皮有明显的细纹脉。

（1）营养价值

罗汉果的果实和叶均含有三萜皂苷，还有大量的果糖、多种人体必需氨基酸、脂肪酸、黄酮类化合物、维生素C、微量元素等。罗汉果果实中含有24种无机元素，其中人体必需的微量元素和广泛元素有16种，含量较高的元素有钾（12 290mg/kg）、钙（667mg/kg）、镁（550mg/kg）。罗汉果中含有的硒达到0.186mg/kg，是粮食的2～4倍，硒在冠心病防治、抗衰老、抗癌等方面有较好的疗效。新鲜罗汉果往往晒制成干果食用。罗汉果可以做成罗汉果茶、罗汉糖果饮，还可作为调味品用于炖品、清汤及制作糕点、糖果、饼干等。

（2）选购方法

看外形。宜选择好看、饱满的椭圆形果实。优质果表面颜色是很均匀的浅黄到深褐，表面没有黑斑。把罗汉果掂在手中，觉得很轻巧，表面绒毛很明显为佳。好的罗汉果的气味是一种很好味的药香，没有让人不适的味道。

用手摸。挑选罗汉果的时候，把罗汉果放在手中摇一摇，像挑选鸡蛋一样，感觉里面是松动的，就是差果；感觉里面是固定的，摇不动的，就是好果。如果外壳已干，最好能把罗汉果掰开，看到里面的种子核是新鲜的淡红色，根脉与外壳关联非常密实、并有一种糖润感，如果出现粉状或种子变成黑色，那就是差果。

尝味道。最后鉴别罗汉果的好坏，当然是泡水尝试，好的罗汉果泡水是甘甜的，而且喝过以后喉咙很舒服，有一种淡淡的药香。

（3）储存方法

新鲜的罗汉果采摘后只能保存20多天，因此需要经过烤干后才能方便存储运输，市面上出售的罗汉果都是经过烘烤后的，买后可冲泡饮用。罗汉果烘烤干燥之后，含水量非常低，这样有利于罗汉果的长时间保存。由于烘烤技术的不同，罗汉果会有质量的差异，有时火候难以控制，以至于一些果子会被烤焦。但是罗汉果保存并不是随意放置就可以了，最好是密封包装起来，这样子可以大大减轻罗汉果回潮的现象。如果罗汉果吸收水分而回潮，品质就会下降，甚至是发霉变质。因此，罗汉果要想长期保存，一定要注意防潮问题。

罗汉果干

2.苹果

苹果属蔷薇科苹果属，是世界上最主要的水果种类之一，主要生长于温带昼夜温差较大的地区。苹果的果实是由子房和花托发育而成的假果，其中子房发育成果心，花托发育成果肉，胚发育成种子。果实的体积膨大，前期是靠细胞迅速分裂、细胞数目增多，后期是靠细胞体积的膨大。苹果果实的生长期为140～160天，不同品种苹果的差异较大。

红富士苹果

蛇果

2016年世界苹果产量约7 700万

吨，而中国的苹果产量预计达4 200万吨，占世界苹果总产量的一半以上。中国最早栽培的是传统品种，为绵苹果，这类品种的苹果果肉绵软易烂，不像现代栽培的苹果那么清脆。现代苹果主要是新疆野苹果和欧洲野苹果的杂交种。

在西方文化中，苹果有着很多的传说，最著名的则是亚当与夏娃偷食“恶善树”禁果的爱情故事。值得一提的是，这个传说的原文《创世纪》中并没有说明是什么果树，后人有说是无花果的，有说是葡萄的，有说是石榴的。但是在中世纪以后，人们习惯把这棵树上的禁果确定为苹果。因为拉丁文中的“苹果”与“恶”拼写相近。

（1）主要种类

常见的苹果品种有红富士、乔纳金、元帅、红星、嘎啦、国光、秦冠、青香蕉、史密斯等。苹果有早、中、晚熟品种之分。早熟品种一般于每年7～8月上旬成熟，如红星系列苹果，这些品种果实香甜可口，汁液丰富，但是放置时间久了容易发绵，仅能短期贮藏。中熟品种一般于每年8～9月成熟，如元帅系、乔纳金、嘎啦、金冠等，可贮藏5～6个月。晚熟品种一般于每年9～10月成熟，如富士系、国光、秦冠、青香蕉等，可长期贮藏，全年供应市场。

（2）营养价值

苹果是种低热量食物，每100g只产生250多千焦热量。苹果含有丰富的糖类、有机酸等碳水化合物、蛋白质、B族维生素、维生素C等多种维生素，钙、磷、钾、铁等矿物质元素，还含有果胶、膳食纤维、多酚及黄酮类、花青素等天然功能活性成分和抗氧化物质。

苹果有“智慧果”“记忆果”的美称。苹果中含有的锌元素与人体健康

和智力发育密切相关。锌是人体内许多重要酶的组成部分，是促进生长发育的关键元素，还是构成与记忆力息息相关的核酸与蛋白质所必不可少的元素，锌还与产生抗体、提高人体免疫力等有密切关系。

（3）选购方法

看外形。挑选苹果外观上要选择均匀的，形状比较圆的，不要选择形状有缺陷、畸形或者表皮有磕碰、有斑点的苹果。

看颜色。蒂如果是浅绿色的，就证明摘下的时间不会太长，还很新鲜，如果苹果蒂是枯黄的，或者黑色的，那证明已经是采摘下来好久的，只是看起来新鲜，但不过是贮藏得好罢了。

闻香味。苹果熟了以后会散发出香味，在买苹果的时候可以闻下苹果的香味，有的苹果防止水分丢失会涂一层蜡，香味就会变淡，买这样的苹果最好要去皮后再吃。

掂重量。选苹果的时候可以把苹果放在手里掂一下重量，如果感觉轻飘飘的就不要买了，因为这样的水分少。如果感觉沉甸甸的那表明水分多，这样的苹果好吃。

（4）储存方法

买回来的苹果一时吃不完，可以临时保藏起来。在超市可以买到塑料薄膜保鲜袋，将苹果装到保鲜袋里，敞口放到冰箱中一天，然后扎紧袋口继续放在冰箱中即可。如果扎紧袋口直接放到冰箱中，保鲜袋内的水汽不能挥发掉，就会在袋内产生大量的凝水，凝水会沾到果实上，对保鲜不利。所以要将苹果装袋后敞口在冰箱中放一天，让果实在冰箱中由于降温产生的水汽能够挥发走。然后扎紧袋口，袋里的苹果靠自身的呼吸作用降低保鲜袋内的氧气含量，提高二氧化碳含量，并使其维持在一定的范围内，达到一定的气调保鲜作用。这样保藏的苹果表皮不会失水皱缩，果实脆度好、香甜可口。

3.梨

丰水梨　鸭梨
雪花梨　香梨

梨为蔷薇科梨属，梨是我国传统水果之一，被誉为“百果之宗”。中国是世界第一产梨大国，中国梨产量占世界梨总产量的一半以上。中国梨栽培面积和产量仅次于苹果。其中河北、山东、辽宁、安徽四省是中国梨的集中产区，栽培面积约占总数的一半左右，产量超过60%。我国梨栽培品种较多，有酥梨、鸭梨、雪花梨、苹果梨、锦丰梨、京白梨、秋白梨、黄

花梨、库尔勒香梨、南果梨、茌梨、长把梨、早酥梨、冬果梨、尖把梨、苍溪雪梨等。以前，中国梨的品种主要集中在鸭梨和雪花梨的种植生产，所占栽培比例极大。鸭梨和雪花梨主要分布在中国北部淮河流域、黄河流域、甘肃及新疆等地区，而南方黄花梨所占比例大，主要分布在中国长江流域及以南地区。现在，中国梨栽培品种日益多样化，为市场提供了丰富的选择。

（1）主要种类

梨的品种构成比较复杂。一般将梨的品种划分为四个系统。

白梨系统。包括鸭梨、酥梨、雪花梨、长把梨、雪梨等，这些品种的梨个头较大，果实清香、皮薄肉脆汁多，口感清脆，果肉咀嚼细腻渣少，品质上乘。白梨是我国传统梨的主要栽培品种，较耐贮藏、商品性状好，常温可贮2～3个月，低温可贮6～8个月。但是这种梨果皮容易划伤，表面会出现一条一条变黑的划痕，果皮也容易变褐，保藏不当时，果心容易出现褐变乃至变黑。

秋子梨系统。主要分布在华北、东北地区。比较著名的品种有京白梨、南果梨、秋子梨、鸭广梨、香水梨等。大多品种极易软化、不耐贮藏。

砂梨系统。如苍溪梨、晚三吉、丰水、菊水、二十一世纪等，特别是从日本、韩国引进的品种多属于砂梨系统。这类梨一般果皮较厚，呈褐色或绿色，表面不平整如同砂纸面。这些品种的梨一般在采摘后仍然非常坚硬，特别酸、不甜，没有香气。经过一段时间（一周以上、甚至半月）的放置，在完成后熟后，果肉迅速变软，果肉甜软、风味浓郁。这类果实一般不耐贮藏，特别是一旦后熟就迅速软化，采后应尽早上市销售或只作短期贮藏。

西洋梨系统。有巴梨（香蕉梨）、康德、茄梨、日面红、三季梨、考密斯等，品质良好。这类果实是典型的呼吸跃变型果实，随着呼吸跃变的启动，果实逐渐成熟软化。这类梨对低温也很敏感，在低温贮藏时容易发生冷害。

(2) 营养价值

梨果鲜美，肉脆多汁，酸甜可口，风味芳香。富含糖、蛋白质、苹果酸、柠檬酸、维生素C以及多种矿物质元素等。梨果实富含的膳食纤维，可帮助人体降低胆固醇含量等。但是，梨含糖量高，糖尿病患者应当少吃或不吃。梨果还可以加工制作成梨干、梨脯、梨膏、梨汁、梨罐头等，也可用来酿酒、制醋。以雪梨、冰糖一起慢火炖制而成的冰糖雪梨汁是一款很有特色、风味独特的饮料。

(3) 选购方法

首先看皮色，皮色薄，没有虫蛀、破皮、疤痕和色变的梨质量比较好。其次应选择形状饱满，大小适中，没有畸形和损伤的梨。最后看肉质，肉质细嫩，果核较小的，口感比较好。

(4) 储存方法

梨只要摆在阴冷角落即可，不宜长时间冷藏，如要放入冰箱，可装在纸袋中放入冰箱储存2～3天。注意放入冰箱之前不要清洗，否则容易腐烂。另外，不要和苹果、香蕉、木瓜、桃子等水果混放，容易产生乙烯，加快氧化变质。

大量储存时，可以先把选好的无硬伤的雪花梨、鸭梨等洗净，再放入陶制容器或瓷坛内，再用凉水配制1%的淡盐水溶液，倒入盛梨的容器内，注意梨和盐水溶液都不要太满，以便留出梨自我呼吸的空间和余地，最后用薄膜将容器口密封，放在阴凉处，这样处理后的梨，就可以保存一两个月。

4.枇杷

枇杷

枇杷为蔷薇科枇杷属，别名芦橘、金丸、芦枝，枇杷原产于中国东南部，因叶子形状似琵琶乐器而得名，枇杷与大部分果树不同，在秋天或初冬开花，果实在春天至初夏成熟，比其他水果都早上市，因此被称是“果木中独备四时之气者”。我国是枇杷生产大国。在枇杷的长期栽培和选育中，形成了众多的品种，现有的枇杷品种就300多个。除了鲜食外，枇杷还可以制成糖水罐头或酿酒。

（1）主要种类

根据枇杷品种原产地的不同，可将枇杷品种分为南亚热带品种群和北亚热带品种群两大类。南亚热带品种群主要包括原产于热带边缘及南亚热带地区的品种，如福建的早钟6号、解放钟和长红3号等，果实大，但风味稍淡。北亚热带品种群主要包括原产于北亚热带及温带南缘地区的品种，如浙江的大红袍和洛阳青、江苏的白玉和照种以及安徽的光荣等。这类品种耐果实较小，但果色和风味较浓。

根据果肉的色泽，可将枇杷分为红肉类（红砂）和白肉类（白砂）两大类。红肉类枇杷果肉呈橙红或橙黄色，肉质较粗，风味稍逊。这类枇杷果树容易栽培，产量较高，果实耐贮运，可供鲜食和加工。如解放钟、早钟6号、大红袍、洛阳青、白玉和光荣等。红肉类枇杷果皮较厚，肉质较粗糙，耐贮运，晚熟品种耐藏性较好。白肉类枇杷，果肉呈白色、乳白色或淡黄色，果皮薄，肉质细，味甜，品质佳，适于鲜食。产量较红肉类稍低，栽培技术要求较高。如在成熟期多雨，则易裂果。如浙江的软条白沙、福建的白梨和江苏的白玉等。

（2）营养价值

枇杷营养丰富，富含果糖、葡萄糖、钾、磷、铁、钙以及维生素A、B族维生素、维生素C等。枇杷果实色泽橙黄，果肉柔软多汁，酸甜适度，风味佳。枇杷中的β－胡萝卜素含量丰富，在水果中排名很高，β－胡萝卜素在人体内可转化成维生素A，而维生素A有益于眼睛健康。此外，琵琶中富含B族维生素，对保护视力也有一定的作用。枇杷富含膳食纤维，食用后有助于人体排出体内多余的脂肪。枇杷核入药后有助于消除水肿。

（3）选购方法

在购买枇杷时，以个头大而匀称、呈倒卵形、果皮橙黄，并且茸毛完整、多汁、皮薄肉厚、无青果为佳。茸毛脱落则说明枇杷不够新鲜。如果表面颜色深浅不一则说明枇杷很有可能已变质。

（4）储存方法

枇杷如果放在冰箱内，会因水汽过多而变黑，一般储存在干燥通风的地方即可。如果把它浸于冷水、糖水或盐水中，可防变色。

5.山楂

山楂为蔷薇科山楂属，原产于中国，栽植历史已超过3 000年，为药食两用的果实。山楂味酸，含有大量的有机酸、果酸、山楂酸、枸橼酸等，食用后应立即漱口，否则不利于牙齿健康。

山楂

(1) 主要种类

我国山楂资源丰富，种植面积广泛，有五大山楂产区：山东、河北、河南、辽宁、北京。山楂按照口味可分为酸、甜两种，其中酸山楂最为流行。

酸山楂主要有歪把红、大金星、大绵球和普通山楂等。歪把红，顾名思义，在果柄处略有凸起，看起来像是果柄歪斜而得名。歪把红山楂单果比正常山楂大，冰糖葫芦主要用它作为原料。大金星的山楂单果比歪把红还要大一些，成熟后果实外皮上有小点，故得名大金星，酸味最重，属于特别酸的一种。大绵球个头大，成熟时候是软绵绵的，酸度适中，保存期短，主要用于鲜食。普通山楂是山楂最早的品种，个头小，果肉较硬，适合入药，是市场上山楂罐头的主要原料。甜山楂外表呈粉红色，个头较小，表面光滑，食之略有甜味。

（2）营养价值

山楂营养丰富，含有大量糖、有机酸、维生素以及矿物质元素。山楂中维生素的含量极高，仅次于红枣和猕猴桃，此外，胡萝卜素和钙的含量较高。山楂果实可生吃也可作果脯果糕等，山楂片干制后可入药，是中国特有的药果兼用的果实。

（3）选购方法

看颜色。买山楂时尽量挑颜色红亮的，这样的比较新鲜，成熟度也较好。

看外形。山楂要挑个头大小适中、圆溜溜、无伤无虫眼的。另外，表皮粗糙的山楂一般都会比较酸，表皮光滑的会甜一点。

掂重量。买山楂时拿起来掂一下，太轻的说明水分已经流失了，所以鲜山楂最好是买掂起来比较重的。一捏就软的山楂不要购买，硬一点的比较新鲜。

（4）储存方法

可以用保鲜膜把山楂密封包好，并将其中的空气尽可能地排干净，然后放到阴凉处就可以了。冷藏保存方法可以把新鲜的山楂用塑封袋封好，并抽去里面的空气，然后放到冰箱的冷藏室中，进行冷冻保存。

如果不介意将山楂水分破坏的话，可以将山楂切成片状，放在太阳下晒，让阳光把山楂中的水分蒸发掉，这样有利于保存。另外，可以将山楂洗干净切成小块，然后用制浆机把它打成糨糊状，用玻璃瓶装起来密封保存。

6.菠萝蜜

菠萝蜜

菠萝蜜果肉

菠萝蜜是热带水果，一般重达5～20kg，最重可超过59kg。果肉鲜食或加工成罐头、果脯、果汁。菠萝蜜在印度的栽培历史长达3000～6000年，不仅作为水果，而且作为粮食作物，因为成熟的菠萝蜜果肉的含糖量很高，晾干后也耐储存，种子更是富含淀粉可用于果腹。

菠萝蜜虽然好吃，但在吃的时候也要多加注意，以防出现过敏的现象。因此在吃菠萝蜜之前，最好是将黄色的果肉放到淡盐水中泡上几分钟，这样不仅能减少过敏的出现，还能让菠萝蜜的果肉更加新鲜。

（1）营养价值

菠萝蜜中含有丰富的糖类、蛋白质、B族维生素（B_1、B_2、B_6）、维生素C、矿物质、脂肪油等。菠萝蜜中的糖类、蛋白质、脂肪油、矿物质和维生素对维持机体的正常生理机能有一定作用。绿色未成熟的果实可作蔬菜食用。成熟时的可食部分每100g含碳水化合物24.9g。

（2）选购方法

看颜色。如果菠萝蜜表皮的颜色是属于那种淡黄色或者亮黄色的，果实的两端有点青绿色的话，那么这个时候它的成熟度刚刚好，切开来吃是最新鲜美味的；如果发现菠萝蜜的表皮颜色铁青还带有褐色的话，说明果实还是生的。

看外形。如果菠萝蜜的表皮完好无损的话，那这样的果实就是优质的。如果菠萝蜜的表皮略带有小黑点，也是正常的，这是菠萝蜜成熟后带来的一种自然现象。但若是菠萝蜜表皮的小黑点都是连片出现，数量非常多，那预示着这有可能是熟过头甚至已经烂了的菠萝蜜。

闻气味。菠萝蜜即便没有切开，果实依然会散发一股香味，此时我们可以通过果实香味的浓淡程度来判断其是否成熟。如果是成熟度刚刚好的菠萝蜜，那么只要将鼻子凑近其外皮闻一闻，就能够闻到一股香味，若是把果实切开来，果肉散发的香味就更浓烈了。此时要注意一点，如果果实还没切开就闻到很重的香味，说明是过熟了的果，不建议放置太久食用。如果是只闻到一点香味或者仅仅隐约能闻到香味的话，多半是生摘的菠萝蜜，含糖不足，吃起来不香。

用手摸。菠萝蜜个头比较大，我们不好掂在手里看其重量如何，但是我们可以根据其表皮的弹性来确定菠萝蜜的好坏。当我们用手轻轻按压在菠萝蜜上，如果发现果实是坚硬而且没有弹性的话，说明还是生的；如果发现菠萝蜜坚实中带有微软的弹性，说明成熟度刚刚好，可以吃了；若是发现菠萝蜜的凹陷幅度很大，说明是成熟过度了，不建议购买。如果按压的过程中还发现菠萝蜜有汁液溢出的话，那果实肯定是变质了，不能再吃了。

看大小。这里所说的大小，不是指菠萝蜜个头的大小，而是指菠萝蜜外表皮上的“小疙瘩”的大小。如果菠萝蜜表皮的小疙瘩摸起来比较尖锐，还处在一种旺盛生长态势的话，说明菠萝蜜还是生的；如果是菠萝蜜表皮

的小疙瘩比较的圆润、柔和，其末梢稍微有点柔软、萎缩的样子，说明这个菠萝蜜就已经成熟了。

看果肉。一般在超市选购菠萝蜜的话，往往会看到那种已经剥好了并且用保鲜膜包好的菠萝蜜肉。此时，可以直接通过肉眼来观看菠萝蜜是否成熟、新鲜等。如果想买新鲜的菠萝蜜，不妨看看果肉是不是会流出水，如果有汁液流出，说明放置时间过久，不新鲜；如果是饱满的没有汁液流出的果肉，说明是新鲜的，可以购买的菠萝蜜。

(3) 储存方法

菠萝蜜是热带水果，不能冷藏，常温储存就可以，用保鲜膜包住，避免失水就可以了，这样可以储存5天到1周。

筐包装，内衬蕉叶或竹叶、碎纸。存放在阴凉通风处，在温度11～13℃、湿度85%～95%条件下，可保存1个月左右。

带皮放在冰箱里，封上保鲜膜，可以保存5天。5天以后吃不完最好扔掉，它会发酵的。

7.榴莲

榴莲是热带著名水果之一，原产于马来西亚，在东南亚一些国家种植较多，其中以泰国为首。榴莲在泰国最负有盛名，被誉为“水果之王”。榴莲的气味浓烈，爱之者赞其香，厌之者怨其臭。中国最早对榴莲的记载是在明朝初年，跟随郑和下西洋的马欢在《瀛涯胜览》写道：“有一等臭果，番名‘赌尔焉’，如中国水鸡头样，长八九寸[①]，皮生尖刺，熟则五六瓣裂

---

① 寸为非法定计量单位，1寸≈3.33厘米。——编者注。

开，若臭牛肉之臭，内有栗子大酥白肉十四五块，甚甜美好吃，中有子可炒吃，其味如栗。”

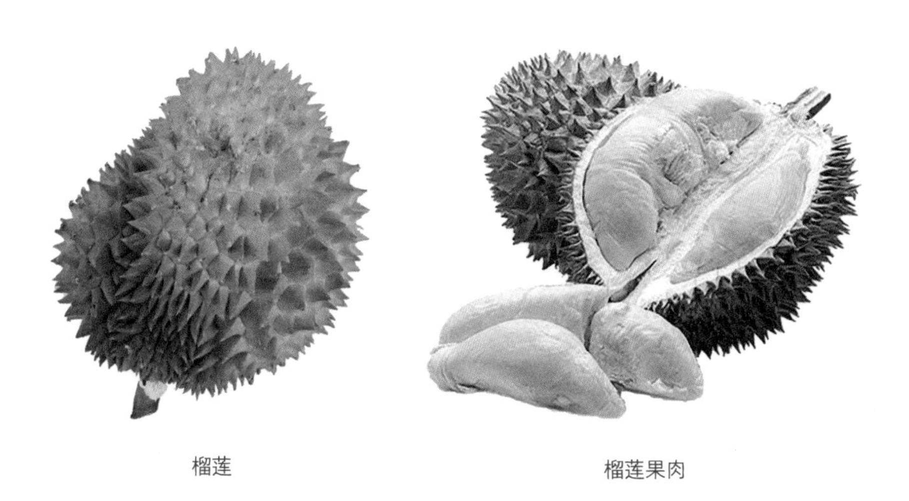

榴莲　　榴莲果肉

榴莲的外形奇特，果肉风味独特。榴莲果肉的风味主要是由含硫化合物产生的。研究人员做过实验，果肉挥发物中的含硫化合物主要为二乙基二硫醚、乙基正丙基二硫醚、二乙基三硫醚和3-乙基2,4-二硫代-5-己酮。含硫化合物一般会释放出刺激性气味，这就是榴莲闻起来会那么“臭”的原因。然而，果实风味构成是多方面的，在榴莲的果皮和果肉中还含有丰富的酯类化合物，这些化合物会赋予榴莲芬芳的水果气味。

(1) 营养价值

榴莲的营养价值极高，淀粉含量11%，糖含量13%，蛋白质含量3%，还有多种维生素。榴莲果肉中氨基酸的种类齐全、含量丰富，除色氨酸外，还含有7种人体必需氨基酸，能提高机体的免疫功能，提高机体对应激的适应能力。榴莲果肉含有较丰富的有益元素锌，还含有丰富的膳食纤维，可以促进肠蠕动。

（2）选购方法

捏尖刺。选两根相邻的尖刺，用手捏住尖刺的尖端，稍稍用力将它们向内捏拢，如果比较轻松就能让它们彼此“靠近”，就证明榴莲较软，成熟度也比较好；如果感觉手感非常坚实，根本就无法捏动，就证明榴莲比较生。

看大小。通过辨识果实的大小和外观颜色，也能识别榴莲是否成熟。和挑西瓜的原理一样，一般来说，体型比较大的榴莲成熟度会好一些。从外壳的颜色来看，成熟好的榴莲呈较通透的黄色，如果青色比较多，则证明不够成熟。

看开裂度。最好选择裂口不要太大的，也就是刚刚开始裂口的，因为如果果实早已裂口，那暴露在外的果肉就容易受到污染，也容易变质。如果挑选到比较成熟又刚刚开口的榴莲，那最好回到家尽快享用，不要再长时间放置，否则容易变质。

闻气味。闻起来有类似刚剪过的青草气味，这样的榴莲一般来说不够成熟；成熟榴莲的气味香浓馥郁，让人馋涎欲滴，常吃的人一闻便知。不过如果闻到榴莲有一股酒精的味道时，就不要购买了，这样的榴莲肯定已经过熟或变质了。

看外观。就是看榴莲这个“狼牙棒”外面鼓起来的“小山”，平缓而微隆的“小山”中，正是香甜芳香的果肉，“小山”越多，当然就是果肉越多啦！通过“狼牙棒”的尖刺，也可以了解果肉的多少。如果狼牙棒上多为平缓的、底面较大的椎形尖刺，证明榴莲果肉较多，成熟度较好。反之，如果尖刺多为又尖又细的形状，就证明果实不太成熟。看外观时，还有一点需要注意，就是看榴莲的“尾巴”，也就是果柄。粗壮而新鲜的“尾巴”，证明它营养充足，且品质新鲜，是挑选榴莲的又一“指标”。

摇一摇。小心地将双手的手指分别放在榴莲两侧的尖刺之间的凹陷处，把榴莲轻轻地拿起来，拿稳后，用手轻轻摇晃榴莲，如果感到里面有轻轻的碰撞感觉，或稍稍有声音，则证明果肉已成熟并脱离果壳，这样的榴莲，就是成熟的好榴莲。

（3）储存方法

未打开的榴莲可以防置在阴凉处保存，如果未成熟的榴莲可以用报纸包住，放在较为温暖的地方，两天后闻到香味基本上就熟了。已经开口的榴莲，可以用保鲜膜封住果肉，放入冰箱保鲜，最好3天内食用完。

8.火龙果

火龙果

火龙果为热带、亚热带水果，又称红龙果、龙珠果、仙蜜果、玉龙果。火龙果因为外表像一团愤怒的红色火球而得名。火龙果代表吉祥和美好的祝福，还象征着贵族式的爱情，深受人们喜爱。火龙果与宗教文化有着很深的历史渊源，在美洲玛雅人、印加人的金字塔附近以及亚洲的越南人寺庙旁都种有火龙果。每逢祭祀及重大宗教活动，他们会将火龙果供奉在祭坛上，视为圣果。更为称奇的是，无论在美洲还是亚洲，火龙果与中华龙文化都有着不解之缘。古代印加人将火龙果与刻有酷似中国龙的图腾放在一起祭祀，这种图腾和火龙果在印加语里都是龙的意思。

(1) 营养价值

火龙果不仅味道香甜，还具有很高的营养价值，含有丰富的蛋白质、膳食纤维、维生素B_2、维生素C、铁、磷、钙、镁、钾等。火龙果的果肉糖分中果糖和蔗糖含量极低，以葡萄糖为主，容易吸收，适合运动后食用。不但营养丰富、功能独特，还很少有病虫害，几乎不使用任何农药就可以正常生长。

(2) 选购方法

看颜色。火龙果可以分为三类：白火龙果紫红皮白肉，有细小黑色种子分布其中，鲜食品质一般；红火龙果红皮红肉，鲜食品质较好；黄火龙果黄皮白肉，鲜食品质最佳。

白肉火龙果

红肉火龙果

掂重量。火龙果越重，代表汁多、果肉丰满，所以购买火龙果时应用手掂掂火龙果的重量，选择偏重的。表面红色的地方越红越好，绿色的部分也是越绿的越新鲜，若是绿色部分变得枯黄，就表示已经不新鲜了。除了重量，还要挑胖胖的，不要挑瘦长型的，因为越胖代表越成熟，这样会比较甜，不会有生味。

火龙果好吃不好吃跟品种有关系。红皮红肉的火龙果，就比红皮白肉的好吃，糖分含量更高，味清甜而不腻。个大，饱满，中间浑圆并凸起，果皮外像鳞一样的片片外翻为上品，而且要挑捏起来有一点点软的（不要太软，否则切开会暴汁），这样的火龙果会比较好吃。

（3）储存方法

火龙果是热带水果，最好现买现吃。在5～9℃的低温中，新鲜摘下的火龙果不经挤压碰撞，保存期可超过一个月。在25～30℃的室温状态下，保质期可超过两个星期。

9.猕猴桃

猕猴桃，也称奇异果。因猕猴喜食，故名猕猴桃。亦有说法是因为果皮覆毛，貌似猕猴而得名。猕猴桃原产于我国的长江流域，营养丰富，富含维生素C。据统计，原产于中国的猕猴桃共有59个种，其中在生产上有较大栽培价值的有中华猕猴桃、美味猕猴桃、红心猕猴桃等。中华猕猴桃采收期早，不耐贮藏。美味猕猴桃较耐贮藏，主要品种有“秦美”和“海沃德”。

奇异果是猕猴桃英文名称“kiwifruit”的音译名，猕猴桃传到新西兰后经人工选育得到一系列商品性状优良的品种，果实皮表绒毛分布均匀，手感光滑，进口到中国后称之为奇异果。然而它的老祖宗中华猕猴桃，绒毛分布不均，触感粗糙。

贵长猕猴桃　红心猕猴桃

龙藏红猕猴桃　黄金果猕猴桃

猕猴桃是有呼吸高峰的浆果，采收时果实的淀粉含量高，果实较硬，基本上无内源乙烯释放，果实在常温下放置5～7天，其内源乙烯释放量会突然增加，导致果实变软，果柄脱落，呼吸强度产生跃变达到高峰，此时，果实含糖量增高，含酸量下降，果实酸甜可口，风味最佳。如果继续在常温下存放，果实很快发酵、变质、腐烂，失去商品价值。所以人们常说猕猴桃是“七天软，十天烂，半月坏一半”。相比之下，中华猕猴桃的耐藏性要差一些，“海沃德”成熟的晚，较耐贮藏和运输。

(1) 主要种类

贵长猕猴桃。是利用野生猕猴桃嫁接培育而成，平均单果重70～100g，果体长圆柱形，果肉呈翠绿色，具有果肉细嫩，肉质多浆，果汁丰富，清甜爽口，酸甜适中的独特品质。贵长猕猴桃在全国同类产品中以品质上乘被誉为“王中王”。

黄金果猕猴桃。黄金果是猕猴桃品种之一，原产地在新西兰，因成熟后果肉为黄色而得名。黄金果猕猴桃果实贮藏性中等，冷藏（0±0.5）℃条件下可贮藏12～16周，在20℃时，果实货架寿命为3～10天。最佳的贮藏温度应在（1.5±0.5）℃，以减少冷藏损伤及腐烂。

红心猕猴桃。红心猕猴桃果实圆柱形兼倒卵形，果顶果基凹，果皮薄，呈绿色，果毛柔软易脱。果肉黄绿色，中轴白色，子房鲜红色，果实横切面呈放射状红、黄、绿相间太阳般图案。

龙藏红猕猴桃。龙藏红猕猴桃果实圆柱形，果皮褐绿色，果面光滑无毛。果实近中央部分的中轴周围呈艳丽的红色，果实横切面呈放射状彩色图案，极为美观诱人。果肉细嫩，汁多，风味浓甜可口，可溶性固形物含量16.5%～23%，含酸量为1.47%，固酸比11.2。香气浓郁，品质上等。果实贮藏性一般，常温（25℃）下，贮藏10～14天即开始软熟，在冷藏条件下可贮藏3个月左右。

（2）营养价值

猕猴桃被誉为“水果之王”，酸甜可口，营养丰富，是老年人、儿童、体弱多病者的滋补果品。猕猴桃含有丰富的维生素C、维生素A、维生素E、胡萝卜素以及钾、镁、钙等，还含有其他水果比较少见的营养成分——叶酸、肌醇等。猕猴桃的营养价值远超过其他水果，它的钙含量是葡萄柚的2.6倍、苹果的17倍、香蕉的4倍；维生素C的含量是柳橙的2倍，一颗猕猴桃能提供一个人一日维生素C需求量的两倍多。猕猴桃具有极高的食疗保健价值，可用于预防和治疗坏血病，稳定情绪、降低胆固醇、帮助消化、预防便秘，还有止渴利尿和保护心脏的作用。

（3）选购方法

看硬度。一般在挑选猕猴桃的时候，建议选择较硬的为佳。不建议挑

选比较软或者局部较软的果实。因较软的猕猴桃都不经放，很容易坏掉的。当然，如果买回后要马上食用，可挑选较软的。但是，如果手指在表皮上摁下后不易恢复到原状的果实，可能过熟过软，也不建议挑选。

看外形。选择体型饱满、颜色均匀、无伤无病的猕猴桃，果皮透出隐约绿色者为好。表皮毛刺的多少，会因品种而异。

看大小。同一批次（或品种）的果实，可以优选较大的果实，毕竟可食部分较多。但是不必一味追求大果，特别是异常大的果实尽量不要选择。一些品种的小型果实在口味和营养上并不逊色于大型果，也可以考虑。

看颜色。建议挑选果皮呈黄褐色，有光泽的为佳，同时果皮上的毛不容易脱落为好，一般像这种类型的果实酸甜可口。

闻香气。充分成熟的猕猴桃，质地较软，伴有香气，这是食用的适宜状态。若果实质地硬，无香气，说明还没有成熟；若果实很软，或呈气鼓鼓状态，并有异味，是已过熟或软烂的表现。

（4）储存方法

冰箱保存。生猕猴桃放在冰箱里(1～5℃)可保存1个月左右，要吃的时候，可提前几天拿出来催熟。可将猕猴桃和成熟的香蕉、苹果放在一起，变软后即可食用。

阴凉处保存。购买猕猴桃后，应将其放在阴凉处。将猕猴桃放在盒子里或塑料袋中，最好不要完全密封(如果完全密封，下次打开时会有一股烂酒味)。最好不要将猕猴桃放在通风的地方，这样容易使其水分流失，使硬的变得更硬，软的变得没有水分。

保存猕猴桃的注意事项。冷藏、避光、盒装，都是增加猕猴桃保存时间的有效方法。另外，需要注意，前期精挑细选也可增加保存时间。在保存时，应先挑出软的、有外表损伤的猕猴桃，否则这些猕猴桃会散发出乙烯，对其他猕猴桃进行催熟，不利于长期保存。

如果想尽快吃到成熟的猕猴桃，让猕猴桃变软的速度快一点，可以将猕猴桃放入塑料保鲜袋中，密封好后，将袋子放置在比较温暖的环境下，2 ~ 3 天猕猴桃就会成熟变软，这样就可以放心食用了。也可将买来的猕猴桃和熟透的香蕉、苹果、梨等水果放在一个包装袋中，苹果等水果释放出的乙烯能够快速催熟猕猴桃。

10.柿子

柿子为柿科柿属，原产中国。全世界的柿属植物大约有500种，主要分布于热带地区。我国拥有的柿属植物有57种，在黄河南北，北至辽宁、南至广东及广西和云南等各地都有种植。

柿子

(1) 主要种类

根据柿子在树上成熟前能否自然脱涩，可将柿子分为涩柿和甜柿两类。甜柿在成熟时已经脱涩，可以直接食用，而涩柿必须在采摘后先经人工脱涩后方可食用。引起涩柿涩味的物质是其中大量存在的游离鞣酸（又称单宁酸）。

在长期的风土驯化和生产实践中，人们培育出不少优良品种，特别著名的有：产于华北的“世界第一优良种”的大盘柿，河北、山东一带出

产的莲花柿、镜面柿，河南渑池的牛心柿，河南以及陕西泾阳、三原一带出产的鸡心黄柿，河南以及陕西富平的尖柿，浙江杭州古荡一带的方柿。这些柿子被誉为中国六大名柿。此外，还有陕西临潼的火晶柿、华县的陆柿、彬县的尖顶柿；山东青岛的金瓶柿、益都的大萼子柿等都是国内有名的柿子。这些柿子皮薄、肉细、个儿大，汁甜如蜜，深受广大消费者的青睐。

（2）营养价值

柿子含有丰富的蔗糖、葡萄糖、果糖、蛋白质、胡萝卜素、维生素C、瓜氨酸、碘、钙、磷、铁。柿子所含的维生素和糖分比一般水果高1～2倍。成熟果实含鞣质。涩柿柿子中含碳水化合物很多，每100g柿子中含10.8g，其中主要是蔗糖、葡萄糖及果糖，这也是大家觉得柿子很甜的原因，新鲜柿子含碘很高。柿子富含果胶，它是一种水溶性的膳食纤维，有良好的润肠通便作用，对于改善便秘、保持肠道正常菌群生长等有很好的作用。

（3）选购方法

选购柿子时，观察其外形，选择外形较大、体型规则、有点方正的柿子进行购买，不要选择表面畸形，局部有明显凹凸的柿子。观察柿子的颜色是否鲜艳，选择鲜艳、无斑点、无伤疤、无裂痕的柿子。购买带有青色的硬柿子时，用手指按一按柿子的表面，若感觉较硬朗则为很好的柿子。选择软柿子的时候，用手轻轻触摸柿子表面，若柿子表面软硬度均匀分布，没有出现局部较硬的情况则为较好的柿子。

（4）储存方法

一般来说，适合柿子的保存温度介于7～13℃。放冰箱冷藏的柿子可先不清洗，只以塑料袋或纸袋装好，防止果实水分蒸散。也可以在塑料袋上扎几个小孔，以保持透气，避免水气积聚，造成柿子腐坏。如果买来的柿子1～2天内会吃掉，那么只要把柿子放到通风、不受日照的阴凉处就行。

柿子脱涩方法

大部分品种的柿果为涩柿，在上市前要进行脱涩处理，将可溶性单宁转变为不溶性的单宁复合物后方可食用。

(1) 二氧化碳脱涩法：用高浓度的二氧化碳处理柿果，将装箱后的柿果堆码成垛，用塑料薄膜帐密封，向帐内充入60%的二氧化碳，维持温度20～25℃，1～2天后即可脱涩。

(2) 温水脱涩法：将柿果放入35～40℃的温水中，保持水温，1～2天后即可脱涩。

(3) 混果处理：将柿果与易产生乙烯、乙醇的水果如苹果、梨等混放在密封容器或室内，在20～25℃下，5～7天可脱涩。

(4) 乙烯处理法：将柿果堆码成垛，用塑料薄膜袋或帐密封，向塑料薄膜袋或帐内通入乙烯气体，维持0.05% ～0.1%的浓度，温度20℃，85%的相对湿度下，2～3天即可。效果好，成本低，但果实易软化，不耐贮藏。

(5) 乙烯利处理：用500～1 000mL/L的乙烯利溶液浸柿果1～2分钟或喷果，取出晾干后置于20℃下，3～5天可脱涩。

(6) 石灰水浸果：用清水100kg加10kg左右石灰，待石灰水澄清，将柿果放入上清液中浸没，经2～3天可脱涩。果肉质地保持脆硬。

(7) 酒精脱涩法：将柿果放入密封容器内，在柿果上面喷洒酒精，然后密封容器，放在室温下，3～5天即可脱涩。

11.无花果

无花果

无花果为桑科榕属，原产于中海沿岸，主要生长在一些热带和温带的地方。无花果在土耳其至阿富汗一带分布较多。唐代时期，无花果从波斯传入中国，现在南北均有栽培，新疆南部尤多。无花果的品种很多，我国主要有布朗瑞克、玛斯义陶芬、蓬莱柿、卡独大、白热那亚、棕色土耳其、加州黑、绿抗黄果、紫果和青皮等。

贮藏用的无花果宜成熟采收，此时果实已变软，防挤压伤，随熟随采。果实呈球根状，尾部有一小孔，花粉由黄蜂传播。无花果除鲜食、药用外，还可加工制干、制果脯、果酱、果汁、果茶、果酒、饮料、罐头等。无花果干无任何化学添加剂，味道浓厚、甘甜。无花果汁、饮料具有独特的清香味，生津止渴，老幼皆宜。

（1）营养价值

无花果含有丰富的糖类，含糖量达到28%，其中大部分是果糖和葡萄糖，这些糖类都属于简单糖类，食用后很容易被人体消化吸收，为机体提供能量。无花果中钾的含量很高，钾能强化脑血管，对心血管疾病有一定的预防效果。无花果还富含膳食纤维，含有多种人体必需氨基酸。

（2）选购方法

挑选无花果，首先是要挑选个大的，这样的果子果肉饱满，水分多。其次尽量挑选颜色较深的，这样的果实才熟透了，口感上更甜。再次，可以轻捏果实表面，挑选较为柔软的。最后，要避免选购尾部开口较大的无花果，因为其难免会沾染到空气中的灰尘和细菌，不太卫生。

超市里卖的袋装“无花果”，许多是用木瓜或萝卜为原料加工制成的。无花果里面都是颗粒状的花蕾，价格贵，故长条、便宜的无花果多是用木瓜冒充的。

（3）储存方法

无花果鲜果不易保存，最基本的保存方法是放入冰箱进行冷藏。保存前先把新鲜无花果放入塑料袋内密封，装果时不要太多，以果实在塑料袋内能轻松平铺开为宜，避免因果实太多，而相互挤压造成果实损伤而不利于保存。一般家用冰箱冷藏保存时间为8～15天。

用冰箱冷藏保存时，一定不要对果实进行清洗，把购买回的无花果简单清除掉其中的杂质后，直接装袋放入冰箱保存即可。如果用水清洗会造成果实湿度增加，更容易腐烂变质，不利于保存。

如果要长时间保存无花果，可以选用冰箱的冷冻保存。不过这种方法不太科学，虽然保存期较长，能够长达3个月以上，但冷冻后果实的细胞壁会被破坏，解冻后，果质就会浆化，不管是口感还是营养价值都会受到影响。

12.山竹

山竹原名莽吉柿，原产于马来半岛和马来群岛，在东南亚地区，如马来西亚、泰国、菲律宾、缅甸栽培较多。山竹虽然种植成本不高，但需种

山竹

植多年才可收获，一般在定植后10年才能采果，对环境要求非常严格，其中高温为其重要生长因子之一，若气温低于4℃，必遭寒害致死。山竹因产量不高，所以物罕为贵，是名副其实的绿色水果，与榴莲齐名，号称“果中皇后”。

（1）营养价值

山竹果肉含有丰富的钙、磷，B族维生素和维生素C。山竹的外果皮中具有一些多酚类物质，包括氧杂蒽酮和单宁酸，这些物质可以确保果实在未成熟时不受昆虫、真菌、植物病毒、细菌和动物的侵害。

（2）选购方法

看外形。购买山竹时一定要选蒂绿、果软的新鲜果。

用手摸。如果表皮很硬而且干，手指用力仍无法使表皮凹陷，蒂叶颜色暗沉，表示此山竹已太老，不适宜吃了。

（3）储存方法

山竹极易变质，若想放得长一些，就一定要保证低温少氧。一般情况下，热带水果是不能放在冰箱里贮存的，可山竹却不一样。因为低温可以减少山竹水分的丧失，降低果胶酶的活性，延缓老化，所以山竹应该放在冰箱里冷藏。此外，尽量密封，减少氧气的侵袭，也是保鲜的一个要诀。总的来说，把山竹装入保鲜袋中，留少量空气，再把袋口封紧，放进冰箱冷藏，就可以多放几天了。我国的山竹大多是从泰国等国家进口，由于经过长距离运输，家庭贮藏时间不宜过长。

三、开讲了：吃个明白

（一）食以人分

1．老人

老年人消化能力较差，因此一次不宜进食大量水果以及吃过酸的水果，否侧长期可能会造成肠蠕动较慢、胃黏膜萎缩、胃酸过量等。可采用“少量多餐”的吃法，这样不会对肠胃造成太大的负担。

老年人尽量不要在饭前吃过多水果，以免影响正常进食。有些老人比较怕凉，喜欢将水果做成水果汤、蒸水果、烤水果等。这样确实会损失一些水果中的营养物质，所以一些维生素C含量高的水果，例如樱桃、酸枣、猕猴桃、草莓等建议生吃。胃酸过多的老人，不宜吃李子、山楂、柠檬等较酸的水果，不要吃涩柿子，否则会加重胃部负担。牙齿不太好的老人可以多食用草莓、葡萄等浆果类水果，或者香蕉、质地绵密的苹果等，但还是要尽量保证多种类水果的膳食。

2．孕妇

妇女自受孕后，体内的正常代谢过程会发生一系列变化。胎儿生长发育所需的各种营养主要来自母体，孕妇本身还需要为分娩和泌乳储存一定的营养素。如果孕妇营养失调或不足，对母体健康和胎儿的正常发育都将产生不良影响。因此，必须调整孕妇的营养与膳食，以适应妊娠期母体的特殊生理需求和充分满足胎儿生长发育的各种营养素需要，保证母婴健康。

严格来说，孕妇没有不能吃的水果，只有应该少吃的水果，孕妇可以根据自己的体质选择多种水果进行补充。多吃含维生素、膳食纤维等营养物质高的水果。香蕉是钾的极好来源，钾有降压、保护心脏与血管内皮的作用，对孕妈妈非常有好处。此外，香蕉还是一种令人愉快的水果，其能促使大脑产生5-羟色胺，从而改善情绪。营养学家推荐孕妈妈最好每天能吃一根香蕉。火龙果中丰富的膳食植物纤维素，能有效地调节胃肠功能，预防孕期便秘，而且火龙果中并不含有蔗糖和焦糖，孕妈妈也不用担心糖摄入量高的问题。另外，火龙果还有降血压的功效，对患有高血压及妊高症的孕妈妈都很有好处。

3. 儿童

处在生长发育期的儿童需要丰富均衡的膳食，因此，建议多食不同种类的水果。水果中的碳水化合物可以补充能量，而且具有维生素、膳食纤维等营养物质。富含胡萝卜素的西红柿、柑橘等水果对儿童的视力有一定好处。因为部分类胡萝卜素可以在人体内转化成维生素A，维生素A具有维持视网膜正常的功能，对于保护视力有重要作用。儿童多喜爱甜食，建议不要食用过多的水果制品，如果汁饮料、果脯蜜饯、水果罐头等。这些水果制品含有大量的糖，不利于牙齿健康，营养价值也不如鲜果。

4. 婴幼儿

水果是宝宝每天所需的食品之一，一些富含纤维素、维生素，糖分少、

水分多的水果，不仅口感好、营养成分高，而且还能促进宝宝的新陈代谢，帮助消化。水果虽好但不能吃太多，容易产生饱腹感，影响主食摄取，导致宝宝营养吸收不均衡。最好在两餐之间给宝宝吃些水果，就让宝宝当点心吃了。

有些水果不宜空腹食用，如柿子、橘子。每天最好能吃两种不同的水果，分两次吃，每次50g左右。水果榨成果汁之后，虽然是现榨的，其实也是损失了部分营养，所以当宝宝有了咀嚼能力之后，就应该给他吃洗净的水果了。另外，只喝果汁或只吃果泥的话，也不能锻炼宝宝的咀嚼能力。需要注意的是市场销售的果汁饮料无法代替新鲜水果，此类饮料大多含糖分较多，并或多或少含有添加剂，经过层层加工后也损失了不少营养，有的果汁饮料只是“果味”饮料而已，热量较高，宝宝最好少喝或者不喝。

5. 糖尿病患者

因为觉得水果含糖量高，所以很多人都认为糖尿病人不能吃水果。的确，许多水果的含糖量比较高，但是从营养角度来分析，不同食物中的“糖”是不同的。糖尿病患者的问题是失去了调节血糖浓度的能力，因此除了合理用药，需要通过合理安排饮食来控制餐后血糖和空腹血糖稳定。对于糖尿病患者来说，不是所有的糖类都不可以摄入，血糖指数和血糖负荷是选择食物的重要因素。

血糖指数（GI,Glycemic Index）是衡量食物引起人体餐后血糖反应的重要指标，指的是健康人摄入含50g可吸收糖类的食物与等量的葡萄糖相比，引起餐后一定时间内血糖反应曲线下面积的百分比。GI小于55的食物为低GI食物，GI在55～70的为中等GI食物，GI大于70的食物为高GI食物。

简单来说，就是GI越低的食物对血糖的波动影响越小。所以，一般建议糖尿病患者吃低GI食物。

血糖负荷（GL，Glycemic Load）是将摄入碳水化合物的质量和数量结合起来以评价膳食总的血糖效应的指标，指的是单位食物中可利用碳水化合物数量与血糖指数的乘积，对于指导饮食更有实际意义。比如，西瓜和苏打饼干的GI都是72，但100g食物所含碳水化合物却大不相同，苏打饼干每100g所含碳水化合物约76g，其GL大约为55，而100g西瓜所含碳水化合物约7g，其GL约为5，两者的GL相差10倍之多。

对于低血糖指数的水果，糖尿病患者可以放心食用。常见水果中，西瓜、火龙果的血糖指数较高，为高血糖指数水果；甜瓜和菠萝的血糖指数稍高，是中等血糖指数。但是这几种血糖指数略高的水果的血糖负荷还是远低于白米饭的，因此也可以适量食用。虽然糖尿病人是可以吃水果的，但是也需要多注意日常饮食中水果的种类和摄入量。首先，要注意的是控制总碳水化合物的摄入量。如果食用水果较多，那么需要减少主食的摄入量。其次，需要注意水果的食用方法。建议采用鲜吃的方法，减少果汁、罐头、蜜饯等水果加工制品的食用。

（二）健康饮食

1. 关于吃水果的那些事儿

吃水果的时间

有很多人说在早上吃水果比较好，因为早上吃水果最容易吸收，而晚

上吃水果的吸收差。其实，水果是否能被良好的消化吸收和食用时间没有多大关系。人体消化吸收的能力主要与消化液的分泌状况和胃肠蠕动的能力有关。而且水果中含量最多的是水分和碳水化合物，碳水化合物是三大供能营养素中消化最快最容易被人体吸收的营养物质。

人体的消化吸收能力和进食时间并没有多大关系。消化吸收的能力主要与消化液的分泌状况和胃肠蠕动的能力有关。进食以后，健康人的消化系统都会分泌消化液、增强蠕动来促进消化吸收，这些与进食的早晚并没有直接联系，而与年龄有一定关系，通常老年人的消化液分泌会减少、消化功能会减退。也就是说，不管是早上还是晚上，消化系统对水果的吸收其实没有区别。

水果的味道和营养价值

水果的营养成分的含量和甜度关系不大。甜度高只能说明水果的含糖量高。大部分生理活性的物质都有点不令人愉快的风味或滋味，或者酸，或者涩，或者苦，基本上都与甜味无关。对于同一种水果，味道略有酸涩的品种，其中维生素C的含量可能更高一些。

反季水果和应季水果

反季水果通常有三种形式：一是异地种植，植物在某地是反季的，在另一个地方却正当时。比如几乎所有蔬菜在冬天的北京都是反季的，而在广东、海南却生机盎然；二是长期保存。果蔬的长期保鲜、保存技术发展迅速，把应季的果蔬保存到冬季也是很多的。常见的一些水果几乎都可以全年供应；三是大棚种植。这是一种科学的种植方式，可以培育壮苗，高效管理，预防冻害。

水果减肥法不靠谱

水果减肥法不靠谱

单单靠吃水果来减肥的做法是错误的，因为没有任何一种食物能够替你燃烧脂肪。尽管有的食物或许能够暂时提高你的新陈代谢，但是它不能持久地助你减肥。水果中的一些营养物质对身体确实有益处，但它却可能影响机体对某些处方药的吸收、处理、排泄。而且，大量地摄取水果反而不利于均衡膳食。

很多健身或减肥的人喜欢选择牛油果，因为认为牛油果热量不高。事实上，牛油果中的脂肪含量为20%左右，比普通猪肉的脂肪含量（15%）还要高，墨西哥最佳产区乌鲁阿潘的牛油果中脂肪含量甚至可以达到30%，与薯片的脂肪量（33%）相当。虽然牛油果中的脂肪中不饱和脂肪酸含量占80%，且不含胆固醇，不同的脂肪酸确实有可能对我们的身体产生不同的影响，有的可能会增加心血管疾病的风险，有的反而会降低心血管疾病的风险。但是对于提供热量这件事上，不同的脂肪酸的贡献都是一样的。因此对于减肥人士来说，不易多食牛油果。

红枣不能补血

红枣被宣传最多的作用是补血。补血的食物主要是含有铁，由于铁的

补充对于制造更多的红细胞至关重要。但是干红枣的含铁量只有20mg/kg，而油菜的铁含量都可以达到30mg/kg，猪肝的含铁量可以达到250mg/kg以上，因此，补铁食物的首选是红色的肉类、内脏等动物性食品。从这个角度来说，用红枣补血只是个关于“红色”的联想罢了。而且对于贫血症，如果因为铁、维生素B_{12}、叶酸等营养物质摄入不足导致的红细胞减少，那多吃富含这些物质的食物确实有益，但如果是营养物质吸收利用环节或其他病因，多吃这些食物对于缓解病症也是没用的。

槟榔不要多食

槟榔中含有多种生物碱，槟榔碱、次槟榔碱是其中最主要的成分。这些物质和其他生物碱一样都会对人体机能产生影响。其中，槟榔碱可以刺激内源性促肾上腺皮质激素释放，最终让机体产生更多的肾上腺皮质激素，人体的兴奋过程——血压升高，心跳加快，状态就像喝了酒一样。通过长期的跟踪调查，科研人员发现，在巴布亚新几内亚，有接近60%的居民都喜欢嚼槟榔，而该国的口腔癌发病率位居世界第二位。我国台湾也有嚼槟榔的传统，当地每10万男性居民中就有27.4例口腔癌患者。槟榔致癌的原因主要是槟榔碱可以刺激我们的口腔黏膜细胞，促使上皮细胞在短时间内凋亡，并让细胞外的胶原蛋白沉积下来，同时，它还阻止人体清除这些多余的蛋白质。槟榔粗糙的纤维也很容易刺伤口腔黏膜，引发细胞的不正常增生，从而引起癌变。所以，槟榔虽能让人脸红心跳，为了健康还是要适可而止。

2. 关于洗水果的那些事儿

水果的清洗

其实，盐水处理、果蔬清洗剂处理与清水处理对于减少农药残留的效果没有明显差异。从日常清洗的方便性考虑，用清水冲洗即可。中国对果蔬清洗剂有严格的卫生规定，适量使用符合国家标准的果蔬清洗剂清洗草莓等水果并不会对人体有害。有些人纠结水果削皮还是不削皮的问题，怕削皮后浪费了果皮的营养。的确，果皮中的营养物质和果肉确实有些差别。例如，苹果皮中富含膳食纤维成分。但是苹果表皮上有一层蜡质层，苹果栽培过程中施用的叶面肥料、农药、环境污染物和灰尘会较多地残留在苹果表皮和蜡质层中。为了食用安全和减少农药残留对人体的影响，建议水果削皮后再食用。

〝掉色〞水果的真相

草莓、桑葚、红肉火龙果等红色或紫色的水果在清洗、切分、食用的时候会发生掉色现象，这是很正常的现象。草莓、桑葚、红肉火龙果等含有大量的花青素，此色素属于水溶性色素。它通常储存在植物细胞的液泡中，当细胞破损时，花青素就会溶解到水中。

葡萄和蓝莓表面的〝白霜〞

葡萄和蓝莓上的白霜是其分泌的蜡质，它的厚薄与葡萄品种有关。大多被子植物的表皮细胞外都覆盖着一层角质膜，角质膜中填充着基质和一些蜡质，而有些果实（如葡萄、李子）和一些茎、叶（如甘蔗）在角质膜外还沉积着一层蜡质，叫做表面蜡质。表面蜡质是防止水分蒸发的主要屏障，对植物适应干旱环境有着积极作用。另外，它有助于植物抵抗紫外辐射，而且由于蜡质不溶于水的特征，可以避免葡萄表面形成湿润的环境，从而避免病原菌的侵染。

表面蜡质的成分主要是五环三萜类化合物齐墩果酸，占60% ～70%。齐墩果酸纯品是淡黄色晶体，无毒，并且具有护肝、抗癌、抗病毒的活性。表面蜡质的这些主要成分都不溶于水，所以水泡、洗、搓难以把这层“白霜”从葡萄上除掉。其实，没有必要把白霜洗掉，蓝莓在水果中属于病虫

害比较少的，农药用的并不多，而且在家能用的办法一般洗不掉这层蜡质。虽然用氯仿可以把蜡质洗掉，但是氯仿对人是有毒的。

3. 关于水果处理的那些事儿

膨大剂

膨大剂是一种植物生长调节剂，它并不是什么新奇的农药，也不是非法化学药品。它的学名叫氯吡脲（CPPU），在水果蔬菜上均有广泛使用，它能促使植物细胞加倍分泌细胞分裂素，能增加单位时间内植物细胞分裂的次数；同时，它还能促使生长素的分泌，使细胞长得更大。因此，使用膨大剂后，水果蔬菜变大了。

那么膨大剂的安全性究竟如何呢？在小鼠身上的研究发现，小白鼠口服膨大素的急性中毒剂量为每千克体重4918mg，如果长期接触可能会引起体内蛋白质紊乱。但是，植物激素的使用量一般都非常低，而且，在通常条件下，膨大剂降解较快，在喷施到植物上24小时后就有60%发生降解。即使进入动物体内后，膨大素也不会赖着不走，实验老鼠吃下去的膨大剂在7天后只有2%存在于老鼠体内。从目前的研究结果来看，只要在标准范围内使用，膨大剂还是很安全的，不过它们可能会影响水果的味道。

有很多人担心大个或形状畸形的草莓或猕猴桃是因为使用了膨大剂。水果的个头实际上和许多因素有关。首先，是品种因素，有些品种的草莓个头就是大一些。用植物激素只能增加结果率，加快生长速度，不可能把原来小的品种增大。其次，通过不断的杂交选育技术，也能培养出个头大的品种。而且，很多条件都会影响水果的大小形状。

草莓畸形多数是授粉不足造成的，授粉不足的原因有很多，包括昆虫、低温及环境等因素，但是使用膨大剂也可能导致草莓畸形。但是，不可否认有些异常大或者形状异常的草莓确实存在使用膨大剂的可能。而且，个头不大的草莓，也可能被种植者通过使用膨大剂等植物激素来增加结果率，加快生长速度。

鸭嘴猕猴桃的“嘴”，其实是它开花时候柱头的着生部位。猕猴桃花的子房是由多个心皮结合在一起形成的，因此，对于我们市面上常见的中华猕猴桃来说，如果子房中各个心皮膨胀情况良好，呈现出圆周状的均匀膨胀，那么就会形成圆锥状的“尖嘴”；而如果因为授粉、环境等影响，造成子房不同方向上的膨胀不一致，那么就会形成扁的“鸭嘴”，甚至还会出现“畸形嘴”。此外，“嘴”的形状和品种因素也有关系。一些猕猴桃品种的子房发育在两个方向上本身就不均等，这样就会造成“鸭嘴”。由此可见，猕猴桃是尖嘴还是鸭嘴，取决于果实生长而成的外形（即截面是圆的还是椭圆的），而膨大剂造成的是整个果的增大，和果实的扁圆关系不大，因此，用尖嘴和鸭嘴辨别是否使用了膨大剂并不靠谱。

涂蜡

进行了商品注册的果蜡是允许在水果表面上涂抹和使用的。经过打蜡保鲜处理的水果表面会形成一层很薄的薄膜，这层薄膜能防止水果水分向外散失，还能防止外界病原菌对水果的侵染，打蜡形成的薄膜还具有一定的光泽，能增强水果的商品性。因此，打蜡在水果贮藏保鲜上有着较多的应用。比如橙子是最容易长霉菌的水果之一，对付这些无孔不入的霉菌，往橙子上喷液态石蜡是一种方法，因为橙子外皮一般不作食用，而且还能提升卖相。

按照规定使用的商品果蜡对人体并无害处，但违法使用工业蜡代替食用蜡的话，会给人体带来危害。因工业蜡中含有汞、铅等有害元素。食用蜡和工业蜡不太容易用肉眼分辨，而且果蜡主要附着在表皮上，因此，打过蜡的水果，如苹果等应削皮后再食用。对于不食用橙皮的消费者来说，

购买橙子的时候只要注意果实是否饱满、表皮是否完整就可以了。但是如果想用橙皮做饭、泡水之类的，就建议尽量不要购买涂蜡的橙子了。

植物生长调节剂

乙烯和脱落酸都是植物自身分泌的激素类物质，能够促进果实成熟。乙烯和脱落酸并不会对人类健康造成影响，因为植物和动物的激素完全是两个不同的体系。农业上使用的植物生长调节剂，包括人工合成的具有天然植物激素相似作用的化合物和从生物中提取的天然植物激素。

喷撒能够产生乙烯的乙烯利，可以促进果实成熟、加深果实颜色。脱落酸是日本、美国和以色列等国都推广使用的作为改善着色的植物激素。因为依靠水果自身的生长，同一果园内的水果也可能会成熟度不一致。例如，同一个葡萄串上各个果子的着色可能会有不同，因为葡萄就像大多数水果一样，只有晒到了太阳的那面才会更早上色，葡萄树的修剪和树形等问题也会影响着色的均匀程度。这种着色处理并不能增加果实风味，但有时催熟的水果可能比较酸一些。因此，食用植物激素处理过的水果不会对人健康造成危害，至多只是不好吃而已。

农业上会用到能让水果变甜的“增甜剂”，其实也属于植物生长调节剂，是一种表面喷洒的叶面肥。它是欧美发达国家首先发展起来的技术，在几十年前就已经在农业上应用。这一类商业化的产品很多，但成分各不相同。常见的包括多糖或聚糖，硼、钼、锌、锰等微量元素和稀土元素，还有硫代硫酸钠、硫酸钠、亚硫酸钠等。这些东西本身并不甜，它们基本上都是通过促进植物代谢和营养物质的合成、积累，实现增加果实产量、缩短成熟周期以及改善外观品质的目的。

另外，商家用甜蜜素来给水果打针增甜的传闻已经在网上流传了好几年。甜蜜素的学名是环己基氨基磺酸，是一种人工合成的甜味剂，它在中国、欧盟、中国香港等国和地区是允许使用的。人体无法吸收甜蜜素，即使吸收也无法代谢，最终它会原封不动地排泄出去，因此安全性很高。作为甜味剂，它广泛用于饮料、罐头、糕点等食品，但生鲜水果是不允许使用的。不过消费者不必担心，因为打针增甜的方法并不可行：一方面，打针留下的针眼会成为细菌和霉菌入侵的通道，水果容易烂掉；另一方面，打针无法保证甜蜜素在水果内均匀分布，弄不好还会影响口感。

4. 关于水果坏了的那些事儿

只坏了一点的水果建议全部不要食用

水果上出现最多的青霉——展青霉素，它们产生的展青霉素会引起胃肠道功能紊乱、肾脏水肿等病症，甚至有致癌的可能。有些人只把霉变的地方切掉，但霉菌产生的展青霉素可以扩散到果实的其他部位，所以，如果水果破损后有发霉、软烂的现象，建议丢掉，不要食用。有调查研究发现，霉变苹果上外观正常部位的展青霉素含量为霉变部位的10%～50%，正常部位的苹果的展青霉素含量可能高达3mg/kg，是国家限量标准的60倍（我国GB 2761—2011《食品中真菌毒素限量》规定苹果以及制品中展青霉素的限量为50μg/kg）。所以，如果有发霉、烂掉或者出现异常情况的水果，不要舍不得，还是丢进垃圾桶吧。

酒味的水果

水果（特别是苹果）在长期储存过程中，可能因为缺氧，转而进行无氧呼吸，将苹果内部的糖类物质转化为酒精。于是，我们就闻到酒味了。如果水果已经变软变黑，并发出酒味，这种发酵的水果很可能存在其他有害的杂菌，最好处理掉，不要食用。

冻伤的香蕉

冰箱里面放置一段时间后的香蕉会变黑变软。这是因为果皮中的聚苯

氧化酶（PPO）把香蕉皮中的酚类聚合为一种与人体皮肤中黑色素类似的多酚物质。一方面，香蕉果皮的细胞膜破损之后，会释放出多巴胺，在氧化酶的作用下这种物质会与空气中的氧气发生反应，生成棕色物质。变软是因为在低温下，香蕉中的超氧化物歧化酶（SOD）的活性会急剧降低，不能及时清除细胞内自由基，自由基会改变细胞膜的通透性，破坏细胞结构。另一方面，低温提高了果胶酯酶的活性，这种酶会分解不溶性的果胶，从而使香蕉组织变软。

如果没有细菌去抢占这些破损细胞的营养，这种水果是相对安全的，虽然味道和口感会差一点。但如果是被霉菌侵染，那么食用对身体有一定危害。因此，建议不要食用变黑变软的香蕉。

〝黑心〞的菠萝

菠萝的最适贮藏温度为8～10℃、相对湿度为85%～90%。但是，菠萝是冷敏性水果，易发生冷害，不适长期贮藏。成熟的菠萝果实在7℃、绿熟的菠萝果实在10℃下即发生冷害。发生冷害后菠萝果皮颜色发暗，果肉呈水浸状，果心变黑，当果实从贮藏库中移出时，特别易受病菌侵染而腐烂。一旦被霉菌侵染，那么食用对身体有一定危害。因此，建议不要食用“黑心”的菠萝。

桂圆里面的白色物质

干桂圆是龙眼经晒制后而成的。正常干桂圆果肉的颜色为棕褐色，如果剥开干桂圆后里面出现白色物质，可能是发霉物质，也可能是在加工过程中出现的糖霜，所以干桂圆里面的白色物质不一定是霉。可以通过观察外观、闻气味和小心尝味道的方式判断这种白色物质是否为霉物质，若是则桂圆不能再食用。

发红的榴莲壳

正常榴莲壳的颜色一般外表有尖刺的那一面是黄绿色，剥开之后的瓤是白色的，或者微微带黄的颜色。即使是红心榴莲，其瓤也是白色带淡黄色的。榴莲发红一般是因为榴莲成熟度过高，放置时间过长导致霉菌滋生，虽然红曲霉无毒，代谢产物也是红色的，但是代谢物是红色的霉菌种类很多，没有办法判断是否对人体有害，因此最好还是不要食用。而且有酒精味的榴莲就不要再食用了，说明已经腐坏变质，食用对身体有害。

建议每次直接食用新鲜的榴莲，这样可以防止榴莲壳放置时间过久，导致霉变。或者将新鲜榴莲壳晒成榴莲壳干，干质的榴莲壳含水量很低，不容易出现发霉的情况，晒干之后，放置阴凉、干燥处保存即可。

变红的甘蔗

甘蔗含有很多水分及丰富的糖类物质，这种环境有利于微生物的生长及繁殖，甘蔗若是长时间存放或者是出现了创伤，那么这样的甘蔗极易感染霉菌和有害物质，甘蔗受到污染就会使内部出现变红的情况。所以，当甘蔗变红时不宜继续食用。切掉变红的甘蔗后也不建议吃，因为未变红的部分中，也可能会含有有害细菌，只是数量较少，还未完全感染，没有表现出来变红的现状。

发黄的荸荠

如果荸荠去皮之后，里面已经发黄的最好不要食用。荸荠容易有荸荠瘟，是一种会导致荸荠发黄的疾病，因此最好不要食用。若正常荸荠久放后出现壳内发黄的情况，最好也不要食用，这是荸荠变质腐败的表现，食用对身体不利。

发芽的雪莲果

雪莲果发芽不像土豆发芽，会产生剧毒物质，但是发芽的雪莲果营养价值会有所降低。若是雪莲果表面发芽严重，而且伴有发酵、腐烂的味道，且有变软流汁的现象时，这样的雪莲果是不能继续食用的，以免使身体出

现腹痛、腹泻、恶心、呕吐、头晕等身体不适的症状。

5. 关于水果制品的那些事儿

干制果品和鲜果的营养区别

干制果品就是鲜果经过脱水处理，去掉水分的产品。经过干制处理后，一些水溶性的营养物质会有所损失，糖含量会变高。例如冬枣和酸枣等，鲜枣中含有很高的维生素C，但是干枣中的维生素C的含量就下降到了120mg/kg；鲜枣的含糖量为20%左右，而干枣的含糖量可以达到80%。而且为了更好地保存，一般干制果品会添加更多的糖，建议不要一次性食用过多，尤其是糖尿病患者。

果汁、水果味蛋糕、水果味酸奶等加工食品

果汁、水果味蛋糕、水果味酸奶等加工食品

榨汁时过滤掉的部分包含了水果中的绝大多数纤维素，这是制成果汁过程中最大的损失。纤维素虽然不能被人体消化吸收，但可以促进肠道蠕动，起到润肠通便的功效。而纤维素另一个很重要的作用就在于它可以表现出饱腹感。这也就是为什么橙子吃一两个就够了，可是橙汁可以喝很多的原因。

而且果汁实际上是一种热量很高的饮料。例如一杯250mL的橙汁含有0.47千焦的热量，而等量的可乐却只有0.41千焦，一个橙子只含有约0.25千焦的热量。而且，果汁的血糖反应会高于完整的水果，糖尿病人可以适量吃水果，但最好不要喝果汁。不过，作为水果的浓缩物，果汁仍然是一种既美味又营养的饮料。但是，果汁和蔬菜汁都不能作为新鲜水果和蔬菜的替代品。

如果果味蛋糕上没有摆放水果，只是呈现相应的颜色和水果味道，其实跟水果的关系不大。例如草莓蛋糕，草莓的红色主要是因为含有花青素，而在做蛋糕时使用的泡打粉是碱性的，花青素碰到碱性的泡打粉就会变色。所以，蛋糕制作中加入草莓做不出松软好吃的粉红色蛋糕。对于草莓味酸奶饮料，其实跟草莓的关系也不大。国标规定，水果味酸奶中80%以上是酸奶。所以，即使有水果，量也很少。当然，吃水果味的加工食品没有坏处，而且水果味的食品味道和色泽都非常好，不过如果认为吃了水果味食品就相当于吃了水果的话，这是不对的哦。

自酿葡萄酒的卫生问题

有新闻报道过有人饮用自家酿造的葡萄酒而导致甲醇中毒入院的事件，那么葡萄酒中为什么会含有甲醇呢？自酿葡萄酒的风险有多大呢？

自酿葡萄酒存在卫生问题

其实，甲醇并不是葡萄汁发酵得到的，它来自于植物组织本身。对于葡萄果实来说，其细胞壁上含有大量的果胶，在果胶酶存在的情况下，酯化的果胶可以产生甲醇。因此，在酿造过程中很难完全避免。不过，在工业生产中通过工艺控制可以较好地限制甲醇的产生量。

而相比工业生产，家庭自制确实存在更多甲醇超标的风险。一般来说，如果采用新鲜、质量好的葡萄酿酒，并且酿造方法得当，葡萄酒中的

甲醇含量并不至于超过限量标准。然而，当原料出现霉烂，或者在过热的条件下酿造时，就有可能出现甲醇超标的情况。自酿葡萄酒在原料、酿造条件控制不佳时，确实可能会有种种安全隐患。与甲醇超标相比，杂菌污染导致的有毒物质积累更是最常出现的问题，因此，要注意容器和操作过程的卫生。

水果酵素

“水果酵素”是个炒得很热的话题，被宣称具有减肥、养颜、排毒等功效。“酵素”一词来源日本，其实它的意思是“酶”。所以，水果酵素是一种发酵制品。它的自制方法与泡菜类似，将水果洗净切成块，与一定比例的糖和水混合，装进洗净的容器内，封好口，在阴凉地方放上一两个星期，得到的液体就是水果酵素了。

水果酵素中营养物质的含量其实并没有宣传的那样高。作为一种发酵制品，乳酸和酒精是水果酵素的主要发酵产物。首先，蛋白质在发酵液中的含量很低，不如直接食用鲜果。而想通过水果酵素中的菌群来改善肠道菌群，可能性也是微乎其微。其次，补充膳食纤维这个目的无法达到，酵母菌和乳酸菌对纤维素的植物组织分解能力有限，难以分解成人体可以吸收的纤维素类物质。最后，由于微生物的活动，维生素等一些营养物质大多被分解和破坏。

与泡菜类似，水果酵素发酵过程中会产生有害物质——亚硝酸盐、甲醇和丁酸。乳酸菌发酵过程中，亚硝酸盐呈先上升再下降的变化趋势，浓度峰值在1周左右时达到顶峰，随后下降。如果是自制的水果酵素，难以确定亚硝酸盐含量在什么时候变低，也很难控制发酵过程中杂菌的污染，这反而增加了很多健康隐患。而且，水果酵素需要加入大量的糖以调味，这是不利于减肥和糖尿病患者食用的。所以，可以食用安全卫生的水果酵素，但是如果想从中获得有益的成分，食用鲜果才是最好的方法。

（三）花样吃法

1.草莓奶酪布丁杯

200g草莓洗净后，切薄片，贴在干净容器的杯壁上（玻璃杯最容易贴住），然后放冰箱冷藏。将5g吉利丁粉和30g水放入锅内，以小火煮到融化，搅拌均匀后晾凉。切大约150g的草莓，加砂糖15g，用料理机打成泥。120g奶油在室温下软化1小时，然后放入80mL牛奶和砂糖25g，用料理机搅拌到奶酪颗粒消失后，加入草莓泥，继续用料理棒搅拌。再加入冷却的吉利丁溶液，搅拌到草莓奶酪牛奶糊顺滑。均匀倒入两个杯子，放入冰箱冷藏3小时后即可食用，可以在表面放其他水果、饼干或者薄荷叶等装饰。

2.蓝莓司康

将250g低筋面粉，15g奶粉，4g泡打粉，25g细砂糖混合均匀。70g黄油切小块。预热烤箱200～220℃。将黄油加入混合均匀的粉中，用手将黄油与粉搓成细沙状。再倒入125mL全指牛奶，

用勺子混合均匀即可。然后倒入100g蓝莓，混合均匀，大致成团即可，不要过度搅拌。将面团整成圆形用刀切成六块，表面可以选择刷上一层鸡蛋液。放入烤箱中层，200～220℃，烤15分钟。再冷却15分钟后即可食用。

3.桑葚果酱

桑葚摘去蒂洗干净晾干水。200g冰糖加少许水煮溶，加入500g桑葚慢火焖煮25分钟。然后打开盖加入适量柠檬汁继续慢火煮，并时不时搅拌以防煮糊。如果喜欢有大颗粒果酱的就要轻轻搅。直到变得浓稠后马上收火，待凉后装入事先用开水消毒好的玻璃瓶中密封保存。

4.沙棘软糖

将50g沙棘汁、10g葡萄糖浆和30g白砂糖倒入小锅，小火熬煮。煮到大约40℃，倒入提前混匀的4g苹果胶和10g白砂糖。熬到110℃时，迅速加入2g柠檬汁。再迅速倒入模具，室温下放凉凝固即可，表面上还可以撒些白糖。

5.葡萄牛奶果冻

将500mL葡萄汁隔水加热，将40g鱼胶粉隔水加热融解，加入到热葡萄汁中。液体

晾凉后取一半放入模型内，冷藏成形。然后将葡萄摆放在冻好的模具中，再倒入另一半液体，冷冻。将500mL牛奶隔水加热，再将鱼胶粉隔水加热融解，随后加入牛奶中。将调好的牛奶液倒入模具中，放进冰箱凝固即可。

6.脆皮香蕉

把香蕉去皮切成小段备用，把玉米淀粉、生粉、香炸粉一起放入容器内加水搅拌均匀后，再加入色拉油搅拌均匀。锅中下热油500g，大火烧至七成热，把切好的香蕉裹糊，下锅炸至金黄色，出锅装盘即可。

7.菠萝八宝饭

菠萝八宝饭
扫一扫，了解更多吃的科学

200g糯米浸泡6小时，加一勺食用油拌匀，放入蒸锅，盖盖蒸熟。3g枸杞用温水泡开。菠萝去蒂，掏出内瓤切丁，菠萝切片后在淡盐水中浸泡10分钟。将蒸好的糯米饭加入枸杞、10g甜玉米粒、15g红提干、10g桂圆肉、杏干、菠萝丁、红枣和10g蓝莓干拌匀。再放入菠萝壳中并填满，再放入锅内，盖盖蒸10分钟即可。香甜软糯的菠萝八宝饭就做好了，清香的菠萝汁渗透到每颗糯米中，美味可口。

8.百香果汁

取2～3个百香果对半切开，用勺子将百香果子和汁水一起舀进容器，加2～3勺白糖或者蜂蜜，倒入热水搅拌均匀即可。

9.银耳荸荠汤

银耳泡发，去黄蒂撕成小朵，红枣清洗干净，荸荠去皮洗净，切成小块。将撕成小朵的银耳、洗好的红枣和切好的荸荠，连同冰糖一起放入煮锅，加入适量清水，大火烧开，转小火炖1个小时，记得盖上锅盖，为了防止汤溢出，可留一条细缝，待汤汁黄稠，银耳软烂，即大功告成。

10.哈密瓜奶昔

准备哈密瓜1个，冰块适量，炼奶适量，冰淇淋1盒。将哈密瓜去皮后切块，倒入料理机后加入牛奶打成汁，再加入炼奶和冰淇淋搅打均匀，冰块打成冰碴，将冰碴倒入料理机，一起搅打均匀即可。

11.木瓜牛奶冻

准备木瓜1个，牛奶250mL，明胶片2片，白糖30g。用刀切开木瓜，掏净木瓜子备用。冷水泡软明胶片，将牛奶加热，放入白糖和泡软的明胶片，晾凉再向木瓜中放入牛奶混合物，冷藏3～5小时，切开，摆盘。

12.橘子罐头

将橘子切掉头尾，纵向轻轻划开橘子皮，展开橘子取出果肉。去除白色橘络，用牙签扎些小洞。锅中倒入清水煮沸，放入冰糖50g，大火熬化。倒入橘子煮沸，转中小火熬约5分钟。煮好的糖水橘子趁热装入已消毒的玻璃瓶中密封，立即倒扣放置，然后放凉后冷藏即可。

13.甜橙海绵蛋糕

取1个橙子的皮擦屑，橙子榨汁取30g的量。马芬模里垫上蛋糕纸托。3个鸡蛋进行打发，先高速打发，后放入92g糖，这时大气泡较多，调中速。中速继续打发至可以在面糊上画出痕迹，再用

低速把大气泡打散，让面糊更加细腻。筛入100g低筋面粉，翻拌均匀。撒入橙皮屑，拌匀。将少许面糊放入25g玉米油和30g橙汁的混合物中，稍微翻拌后，倒入原先的面糊中，拌匀。将面糊倒入模具，大概9分满。放入烤箱，设置为60℃，18分钟，烤好后脱模晾凉即可。

14.柠檬可乐生姜茶

首先，将生姜切片，取5～6片备用，柠檬切薄片，取两片备用。将一罐可乐倒入锅中，再倒入生姜片，大火烧开，改成小火至锅中心有小泡，煮6分钟，煮好后关火，最后放入柠檬片闷1分钟即可。

15.蜂蜜柚子酱

准备1kg蜜柚，剥皮取出果肉。去除柚子皮内层的白色部分，用温盐水浸泡柚皮15分钟，冲洗干净，然后把柚皮切成约1厘米大小的小块，放

入容器里加1杯水煮10分钟，冲洗冷却后将柚皮用粉碎机打成泥。柚子的果肉撕去筋膜掰碎，和全部柚皮一起放入锅中，加50mL清水和100g冰糖，小火熬煮至黏稠（约1小时），中途需照看并不时翻拌避免粘底，熄火后放置自然冷却；待柚子酱彻底晾凉后加入250g蜂蜜，充分拌匀装入密封瓶，放

入冰箱冷藏即可。

16.椰子冻

取一个玻璃保鲜盒，底下均匀地撒上一层椰蓉备用。往80mL牛奶中加入40g玉米淀粉，搅匀。另取160mL牛奶和100g淡奶油中加入40g白糖，倒入奶锅开小火煮沸，煮沸后把调好的玉米淀粉水边倒入奶锅边用橡皮刮刀搅匀，煮至糊状即可关火，倒入事先备好的保鲜盒内，盖上盖子放入冰箱冷藏一晚，冷藏后倒出，切成合适的大小，每一块都在椰蓉上滚一下，让每一面都沾上椰蓉即可得到具有奶香椰香的椰子冻。

17.糯米枣

红枣去核，洗净，用清水浸泡30分钟后沥干水分，用刀子将浸泡好的红枣切开一半（注意不能完全切开）。将适量的糯米粉放入盆中，加入适量的热水，揉成面团。根据红枣的大小取适量的面团，揉搓成枣核型，放入切开的红枣中，轻轻地捏合一下。蒸锅放入做好的糯米枣，盖严锅盖，大火蒸10分钟后取出即可。吃的时候可以根据个人喜好淋点蜂蜜或糖桂花。

18.枣糕

110g红枣去核后用水煮透，捞出后加入100g白糖，用打蛋器打至白糖化，再加入4个鸡蛋打至大泡沫（无需打发）。筛入180g低筋面粉（普通面粉也可以，只是低筋面粉比较松软）、泡打粉7g、小苏打4g，快速搅拌均匀（尽量不要让面糊起筋），再加入玉米油70g（其他油也可以）依然快速搅拌均（同样尽量不要让面糊起筋）。烤盘铺好硅油纸，面糊倒入烤盘，撒上白芝麻，烤箱设置160℃，40分钟左右，其中烤至30分钟时，可以取出蛋糕，在上面用硅油纸盖住再继续烤，这样可以防止颜色太重。

19.橄榄菜

橄榄可鲜食，亦可做菜。橄榄菜是潮汕地区所特有的风味小菜，取橄榄甘醇之味，芥菜丰腴之叶煎制而成。将橄榄压破，浸去涩汁或煮熟后，再浸在水里两天，让涩汁沥干后，在锅里用油和盐反复翻炒，中间再加进咸菜叶，用慢火熬几个小时，便成为黑得像墨一样的乌橄榄菜了。

20.荔枝樱桃扣

糯米一大碗，樱桃、荔枝备好。糯米淘洗3遍，浸泡2小时。荔枝清洗干净，去皮。樱桃清洗干净浸泡半天，樱桃把去掉，控水备用。电饭煲里放入浸泡好的糯米，添入适量的清水，一般米和水的比例是1∶1.2，蒸糯米水要多放一些，按香糯米键煮饭。没有电饭煲可以在蒸锅上蒸，蒸帘上铺上蒸布把米平铺上面蒸。将蒸好的糯米饭盛入一个大碗中，倒入适量白糖，用勺子搅拌均匀。把荔枝和樱桃用刀在中间轻轻地划一圈，用手一掰两半，取出果壳。把樱桃镶嵌入荔枝中，如果樱桃太大可以切小点好放入。准备一个碗，把荔枝一个个的摆入碗中铺满碗四周，再把糯米饭平铺到碗中，取一个盘子，把盘子盖在碗口上面，用手端起碗，一手按住盘子把碗一翻，使盘子翻到下面，碗在上面，在桌上轻轻磕一下盘子，可以让碗中的糯米饭脱离。然后美味的荔枝樱桃扣做好了，放入冰箱冷藏一下吃会更美味。

21.龙眼鸡蛋糖水

将龙眼清洗干净剥皮，红枣提前浸泡好。锅中注入适量清水，放入龙眼和红枣煮10分钟，10分钟后磕入鸡蛋，继续煮，煮至鸡蛋凝固住即可，喜欢吃熟点的鸡蛋就多煮1

分钟，喜欢加枸杞的，可在出锅前放入一些。

22.桃子西米露

西米用清水泡20分钟，锅里水烧沸倒入泡好的西米煮，要不停地搅动防止煮糊，煮到西米中间尚有小白芯，关火闷10分钟，晾凉后放入冰箱冷藏30分钟。这时间把桃子去皮切成小块，圣女果对半切，将切好的水果放在碗里面，放两勺蜂蜜调匀，再倒入调好的西米露，酸酸甜甜桃子西米露就做好了。

23.牛油果香蕉卷

用勺子把牛油果肉挖出来，将牛油果肉压成果泥。香蕉对半切开。取一片土司，去掉四边，留中间部分，用擀面杖将面包片擀薄。将牛油果泥均匀地抹在吐司上。把香蕉放在面包片上慢慢卷起。取一个鸡蛋打成蛋液，将卷好的香蕉卷放入蛋液中，使其均匀地裹上蛋液。不粘锅烧热转小火，刷薄薄一层油，放入香蕉卷。一面烙好以后翻到另一面，烙至两面金黄即可。

24.酸梅汤

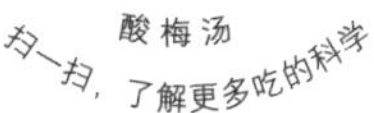

将乌梅、干山楂片、陈皮、甘草用清水洗去浮尘。

加纯净水浸泡半小时以上。

连水一起倒进电饭锅中，再加入适量的纯净水，总量1 500～2 000mL。

选择煮粥程序熬煮1小时后关掉电源。

闷10分钟以后加入冰糖继续闷10分钟。

待自然冷却后，过滤去渣，放入冰箱中冷藏后饮用，可储存2天。

25.罗汉果陈皮炖龙骨

罗汉果取半个，陈皮5g，龙骨洗净焯水（只用4块就够了）。炖盅放入龙骨、罗汉果、陈皮、数滴米酒，加开水至九成满。深锅加足量水，煮开后放入炖盅，大火煮开后转小火炖2.5～3小时即可。

26.拔丝苹果

苹果削皮切块，放入盘里备用。把生粉倒在苹果上拌均匀。锅里倒入油烧至五成热，倒入苹果炸

至金黄，盛入盘里备用。把剩的油倒入容器，锅里只留少许油，再倒入适量白糖，小火慢熬至糖可以拉丝，再倒入苹果简单翻炒即可出锅，最后装盘。

27.冰糖雪梨水

将雪梨洗净，去皮、去掉梨核，避免煮出来的梨水有酸涩口感。将处理好的梨，切成滚刀块待用。

锅中加入适量水，烧至快开时，放入适量冰糖，小火加热至冰糖融化。

冰糖化完后，把梨块放进去，大火煮开后，改为小火熬煮15分钟左右即可。待锅凉下来，滤出冰糖雪梨水。

为了得到更好的饮用口感，可将冰糖雪梨水放到冰箱冷藏室冰镇2小时，口味会更佳。

自制的冰糖雪梨水含有丰富的糖分和营养物质，由于未经杀菌很容易腐败变质。因此，自制的冰糖雪梨水不易久放，最好在两天内饮用完。

28.川贝枇杷膏

川贝枇杷膏具有润肺止咳、预防流感、提升体力、止呕和美容等功效。准备枇杷1000g（去皮去核），老冰糖300g，川贝粉15g。枇杷去皮去核，洗净晾干。将冰糖放入料理机里打碎，川贝粉倒出备用。将冰糖粉倒入枇杷里，将枇杷腌制出水，放入料理机打成泥，再倒入不锈钢锅中小火慢慢熬，稍后加入川贝粉，搅拌均匀继续熬，熬至枇杷颜色变深且浓稠后，关火，装入准备好的玻璃罐中，即大功告成，味道酸酸甜甜，很可口。

29.冰糖葫芦

选上好的、大小均匀的山楂红果，洗净，去蒂，用竹签串起来。锅中加入水，烧开，放入冰糖，用铲子不停搅拌，使冰糖快速融化，熬糖液至黏稠状，略微有点儿变色。马上放入串好的红果，裹匀。盘子上抹上一点儿油，把沾好糖的“葫芦”码放在盘中，放入冰箱冷藏10分钟即可。

30.山楂糖雪球

将山楂洗干净，晾干水分备用。往锅中倒入冰糖，加入水，当冰糖和水熬至出起泡较黏稠状时，加醋搅拌均匀，关火倒入山楂轻轻的不停的搅拌，让糖浆包裹在山楂上，冷却，装入碗中即可享用。

31.榴莲千层蛋糕

先准备好做千层皮的材料：牛奶240g、糖粉20g、鸡蛋1个，放到一起先搅拌白糖化，再将80g低

筋面粉过筛，搅拌成无颗粒状的面糊，再把16g黄油隔水融化后，加入到面糊中。然后，封上保鲜膜，冷藏30分钟后拿出，挖一勺子面糊放入平底锅，摇均匀，煎好后放凉，等全部的千层皮煎好后，就可以开始做榴莲千层蛋糕了。600g淡奶油加60g糖粉，打到有尖度，不流动为好，将200g榴莲肉切成蓉，把一张千层皮放最下面，再放奶油，再加上榴莲肉，再放一层千层皮，一层一层地做，做好后放冰箱冷藏三四个小时即可。

32.火龙果牛奶汁

准备火龙果1个，牛奶1杯，蜂蜜2勺。火龙果用挖球器挖两个小球出来，用竹签穿住，剩下的火龙果挖出肉放入料理杯内，倒入蜂蜜、少许矿泉水，搅拌成果汁备用。先向杯内倒入半杯牛奶，用筷子或者其他细长的工具把火龙果汁慢慢引流进杯内，再放之前的火龙果串就做好了。

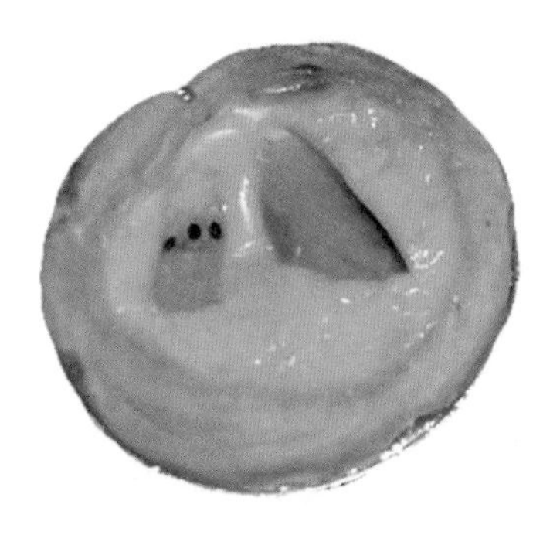

33.猕猴桃蛋挞

准备鸡蛋3个，绵白糖35g，淡奶油100g，牛奶60g，蛋挞皮12个，猕猴桃1个，蛋挞皮提前拿出自然解冻。先将鸡蛋放入干净盆中，加入糖，用打蛋器打均匀，加入淡奶油和牛奶继续打均匀，过筛蛋挞液，放入冰箱静置20分钟待用。猕猴桃去皮切成小块备用，蛋挞皮放入烤盘上，把猕猴桃块放进蛋挞皮中，再把蛋挞液倒入八分满，烤箱预热200℃，上下火烤，烤20～25分钟即可，烤好的猕猴桃蛋挞外酥里嫩。

34.豆沙馅柿子饼

先将柿子用开水烫过之后剥去外皮，用勺子刮出果肉，这里的柿子一定要那种熟透了的，硬的做出来会发涩，同时柿子的核也要丢掉。然后，放一小碗面粉，因为柿子本身带有甜味，所以不用再额外放糖了，再将柿子与面粉搅拌均匀，和成不软不硬的面团，盖上保鲜膜醒15分钟。将面团揉成面剂子，切成比包饺子大点的块。准备一包豆沙馅，取一个面剂子按扁，像包包子一样将少许豆沙馅放中间，然后捏紧收口朝下，放入电饼铛中，烙至两面金黄即可，咬一口软糯香甜。

35.无花果思慕雪

无花果洗净，取中间部分切出几片薄片，大小均匀。把提前放入冰箱冷藏的猕猴桃洗净去皮，切成小块，放入料理机里，加入200g酸奶和适量蜂蜜，用料理机打成糊状。取一个透明的杯子，把切好的无花果片贴在杯壁上，缓缓倒入猕猴桃糊，然后倒入100g酸奶，最后切一小块无花果，轻轻地摆放在上面，一杯颜值很高的思慕雪就做好了。

四、

冷知识、热知识

1.为什么吃木瓜、芒果、菠萝等水果会过敏

有的人会对木瓜、芒果、菠萝等水果过敏，会在口腔、皮肤等接触木瓜汁液的地方出现口舌发麻、红疹、瘙痒等不适症状。这是因为这些水果中有一种能够水解蛋白质的酶，会引起人体过敏。但是，当它们吃到肚子里时，这些蛋白酶会被人的胃蛋白酶和胰蛋白酶分解，所以不会有完整的、活性的蛋白酶在人体内继续发挥作用。

所以在吃完后，最好用清水将黏附在皮肤上的汁液清洗干净。过敏体质的人，最好切成小块后，少量食用，吃完后一定要洗手、漱口。对于菠萝，食用前最好将其切成薄片用盐水或苏打水浸泡20分钟。用盐水浸泡菠萝，可使菠萝的蛋白酶发生变性失活，还可使菠萝的一部分有机酸溶出分解在盐水里，去除酸味，让菠萝吃起来更甜。

2.芒果和香蕉为什么在没有完全成熟时就采收

芒果和香蕉是呼吸跃变型水果，采后在常温下迅速后熟、衰老，不利于贮藏、运输与销售。又因为是冷敏性水果，在低温下会产生冷害，果实不能正常后熟转黄，也不能在低温下冷链物流配送。所以，运送往远处的芒果和香蕉，采收的都是绿硬果实，这样能够进行长距离的运输和销售。当运输至批发市场后，经自然或人工催熟后出售。

3.黑枣和椰枣是枣吗

黑枣在晾干后看起来很像枣。事实上，黑枣跟红枣没有半点关系，黑枣是柿树科柿属植物的果实，新鲜的黑枣更像小柿子。由于黑枣的根系发达，能够适应贫瘠的山地，并且在嫁接后能迅速生长。所以，黑枣一直是柿子树的传统砧木。黑枣的成分自然是跟柿子相仿。这些小黑枣里面含有大量的单宁，所以最好不要在空腹的时候吃太多，否则，单宁同胃液结合会形成胃石。

椰枣因为其果树和椰子树非常像，所以叫椰枣。它又叫“伊拉克蜜枣”，因为伊拉克是最大的生产国和出口国。但是它根本就不是枣，属于棕榈科植物。而且它也没有经过“蜜汁”加工，被称为“蜜枣”是因为椰枣的含糖量极高，使椰枣尝起来就像经过蜜汁浸泡一样。

4.樱桃和车厘子是同一种东西吗

车厘子是樱桃的英文名称Cherries的音译，也是香港、广东等沿海消费者对樱桃的另外一种叫法，所以车厘子和樱桃其实是同一种水果。现在很多人都习惯把进口樱桃称为车厘子，国产的称为樱桃。笼统来说，进口樱桃的普遍特征是颜色暗红，皮厚，个头大，通常比国产樱桃大出一倍，果实也比较厚实，口感甜美多汁。进口樱桃往往需要通过长途运输，所以在消费者购买到进口樱桃时，果实成熟度略高。而国产樱桃由于过早采收，总体来说，成熟度偏低，颜色偏鲜红，皮薄，个头相对较小。但这个分辨很笼统，具体还要根据不同品种的特征来判断。

5.龙眼与桂圆是同一种东西吗

龙眼经过干制得到的产品往往叫作桂圆。桂圆又名益智、龙眼肉，是龙眼晒干了的成熟果实。桂圆与龙眼的营养成分基本是一样的，但龙眼中含有的营养物质流失较少，所以龙眼更有营养，不过龙眼吃多了容易引起

上火，虽然桂圆吃多了也会上火，但是桂圆却比较温和，有时候还会作为中药服用。

龙眼

桂圆

6.奇异果和猕猴桃是同一种水果吗

1904年，一位新西兰女教师从中国带回一小包猕猴桃的种子回到新西兰，这包种子在新西兰发芽长出了几株猕猴桃，成功开花结果，正是这几株猕猴桃植株开始了新西兰的猕猴桃产业。随着猕猴桃种植技术的发展，新西兰水果商们开始想给猕猴桃起个吸引人的名字。在20世纪60年代之前，美味猕猴桃通常会被西方人称为“宜昌醋栗”（Yichang gooseberry）或者“中国醋栗”（Chinese gooseberry），而且猕猴桃的那些常用俗名，如羊桃、鬼桃、猴桃，都不太好听，不利于扩展市场，让更多的消费者接受。有人提出将新西兰国鸟的名字安到猕猴桃身上，于是，“奇异果”（kiwi fruit）这个名字就诞生了。由此可见，其实奇异果就是猕猴桃。

7.圣女果是转基因食品吗？千禧果和圣女果的区别在哪里

很多人觉得圣女果可能是新培育的品种，也有人说它是转基因食品。其实圣女果是最接近原始品种的番茄，在500年前南美洲的番茄就是长这个样子，比现在最常见的大番茄还早出现。它保留了原始番茄更多的特性，所以味道更浓郁，甜度也更高。在一些育种开发中，将那些口感风味俱佳的小个头番茄的优良性状，通过常规杂交组合在一起，就得到了口感极佳的圣女果。

那么，有没有转基因番茄呢？这个确实有。实际上，早在1994年，在美国已经有转基因番茄品种上市了，1997年我国也培育出了“华番一号”，在通过检测后也推向了市场。目前在番茄中导入的基因只是为了延迟番茄的成熟时间，抑制番茄体内部分特殊蛋白质的合成，从而阻止细胞壁降解、延迟果实软化，延长贮藏期。

千禧果是在圣女果的基础上培育出来的新品种，最初的产地是在海南，比圣女果甜度更高，更适合作为水果食用。千禧和圣女果外观上很像，但是价格却差一倍。其实，仔细观察会发现千禧个头短而圆润，圣女果的体型一般是偏狭长的，尾部比较尖，而且千禧果红色较深，更鲜艳。

8.吃荔枝会被查“酒驾”吗

荔枝采摘后或在运输过程中，细胞因缺氧会进行无氧呼吸产生酒精和二氧化碳，食用时会分解出细胞内的酒精。另外，荔枝含有较高的糖分，唾液中很多酶会对荔枝的糖分进行发酵产生酒精，从而可能被测出“酒驾”或“醉驾”。一般在食用后半小时内，体内酒精含量会有所上升，之后会逐

渐恢复正常水平，若是因食用荔枝被检测出“酒驾”或“醉驾”，可歇息10分钟左右再检测。

9.无花果真的没有花吗

无花果实际上是有花的，它的花属于隐头花序，在它发芽长叶后仔细观察，就能揭开这个秘密。在其叶腋刚长出小无花果时，摘下一个来就可看见，在它的顶端有一个小疤痕，细看还有一个小孔。用刀把它切成两半，就能见到在它里面长着很多小花，并且还是两种样子，那就是雌雄不同的花。这些花在一个总花托里开花，彼此授粉，然后结实。不过，这花隐藏在囊状总花托里，掩盖于枝叶的腋窝中，不容易被人看见。

10.草莓底部发白是因为什么

草莓底部发白和采摘时间有关，和是否使用激素没有必然关系。草莓的发色过程是光和内源植物激素共同作用完成的。一般来说，越靠近尖端的部分发育时间越长、累积花青素越多，因此，草莓会从尖端开始逐渐变红。早春在大棚内生产的草莓受光照较弱，发色过程偏慢，而且有时由于品种原因（如多倍体等）果实较大，这也会使得果实基部发色更为推迟。在这种情况下，如果等到草莓完全变红再采摘，草莓顶端就会由于过熟而变得容易损伤，导致整个果实霉变。因此，一般不等果实完全变红就开始采摘，这就造成了很多草莓，尤其是大个草莓底部发白的现象。

11.无子水葡萄、无子西瓜等无子水果是怎么种出来的

有流言说，无子水果中含有大量激素，用避孕药处理来达到无子效果的，经常食用对人体有害。其实，无子水果的产生和人类使用的避孕药没有丝毫关系。无子水果是通过育种或植物激素处理来达到无子效果的，这些处理并不会对果实的安全性造成影响。其中通过植物激素处理得到的无子水果主要有三种方法，一是为果实施用一定浓度的植物激素，抑制种子发育的同时促进果实发育；二是通过寻找植物自身产生的种子不育但能够自身产生植物激素的突变个体，来生产无子水果；三是通过杂交手段，使得种子不能正常发育，同时给与一定刺激，使果实自身可以产生足够其发育的植物激素。

例如巨峰葡萄本身是产生种子的，可以通过第一种方法：在葡萄盛花期及幼嫩果穗形成育期，用一定浓度的赤霉素进行处理，抑制种子发育，促进果实膨大，从而获得无子的巨峰葡萄。通过赤霉素处理的葡萄，不仅能够达到较高的无核率，还有增加果粒大小的效果。另外一些葡萄品种，例如京可晶、大粒红无核等属于第二种方法，由于其本身的变异，在授粉之后，受精胚囊很快停止发育，但果实本身可以产生激素，从而使得果实膨大，最后发育为无子果实。

12.喝柠檬汁能排出胆结石吗

胆结石一般是由于胆汁成分改变，固体物质析出而形成的。胆结石中最常见的成分是脂溶性的胆固醇，柠檬汁等果汁主要成分是水，还有一些糖类，酸类和矿物质，对溶解胆结石没有什么帮助。但是有很多尝试这一

方法的人发现自己真的排出了很多块状的“石头”，其实这些在实施“排石”之后，随粪便排出的块状物并不是胆结石。是喝到肚子里的油脂经过胃脂肪酶的消化，形成的长链脂肪酸再与果汁中的钾离子结合产生的难溶于水的脂肪酸盐，原理类似生产肥皂的皂化反应。所以，得了胆结石还是需要去医院查看，不要相信这样的“排石疗法”。

13.柠檬汁可以用来美白牙齿吗

有人说用柠檬汁擦牙齿可以美白，其实，这是错误的做法。柠檬汁里的柠檬酸是一种有机酸，会腐蚀牙齿表面，损坏牙釉质。不但不能用食醋和柠檬汁等酸性食物来美白牙齿，反而在平时吃过酸性的食物和饮料以后，应该立即用水漱口，减少酸性物质在牙齿上的附着。但注意不要刷牙，因为含有酸性物质的食物，会令牙齿上的珐琅质变软，马上刷牙的话，会伤害到这层保护壳，这对于刚经受了酸性考验的牙齿来说无疑是雪上加霜。最好在吃后大约半小时再刷牙。

14.早上刷完牙后喝橙汁，为什么尝起来又酸又苦

目前，普遍认为表面活性剂是牙膏改变味觉的主要原因。牙膏配方中的表面活性剂月桂醇硫酸酯钠（SLS）会抑制人们对甜味的感受，同时“洗掉”舌头上食物中残留的可以抑制苦味的磷脂成分。于是，在刷牙之后，我们会觉得橙汁的甜度下降，苦味增加，显得又酸又苦，一般刷牙后过一个小时再喝就好了。

15.为什么嚼槟榔，会“吐血”

如果只是单纯地嚼槟榔，即便把它们嚼得再碎也不会出现鲜红色汁液。但如果加上贝壳粉和蒌叶一起咀嚼，槟榔中的槟榔红色素（一种酚类物质）就会发生明显变化，显现出血一样的颜色，而且这种槟榔红色素不容易被清除。

16.海鲜和水果“相克”吗

有流言说海鲜和柠檬相克，因为虾一类的海鲜含有大量的五价砷化合物，遇到富含维生素C的水果之后，由于化学作用，使原来无毒的五价砷，转变为有毒的三价砷，也就是俗称的砒霜。其实，这是错误的说法。

首先，海鲜里的砷主要以有机砷的形式存在，无机砷的含量在海鲜里最多不超过总砷含量的4%，其中多是五价砷，少量是三价砷。而占主体地位的有机砷的危害非常之小，绝大部分以砷甜菜碱的形式存在，它们基本上会被原封不动地排出体外。其次，且根据我国国家标准，虾蟹类无机砷的上限是0.5mg/kg鲜重。对于健康的成年人来说，砒霜的经口致死量为100～300mg，而100mg砒霜中含有的砷元素为75mg。假设吃的全都是污染较重的，达到无机砷含量上限的虾，那么需要吃下150kg的虾，才会达到砒霜的经口致死量。

17.空腹吃柿子会导致胃结石吗

未熟透的柿子味道很涩，这是因为里面含有大量鞣酸，鞣酸可以和蛋白质在胃酸的作用下相结合，生成分子较大但又不易溶于水的鞣酸

蛋白沉淀在胃内，然后还可能继续会和果胶以及纤维素等物质结合在一起。

在空腹时游离胃酸较多，这样更容易让柿子中的鞣酸、果胶发生胶凝，形成结石，而鞣酸蛋白、果胶、纤维素等把柿皮、柿核黏合在一起，在胃内迅速形成胃石。也有说法认为，胃石形成可能与胃功能紊乱有关。由于胃内进入大量含有丰富黏蛋白的食物，在胃酸的作用下发生凝固形成了团核。胃炎性糜烂、出血、渗出使大量纤维蛋白渗入黏附，随着胃蠕动不断缠绕，使团块不断增大而形成胃石。

所以，空腹吃柿子并不一定就会得胃结石，但是空腹吃大量柿子可能会比非空腹容易得。因此，建议不要一次吃太多柿子，不要吃涩柿子，而且尽量不要在空腹的时候吃。